慢得刚刚好的生活与阅读

理想的家
来自东京的定制家居设计
［ LIFE IN TOKYO ］

［日］蓝色工作室 著

［日］石井健 监修

张艳辉 译

化学工业出版社

·北京·

理想的家：来自东京的定制家居设计

序言　　　LIFE IN TOKYO

房子中的故事

建造满足自己理想生活愿望的房屋。

正是心怀这样的梦想，买旧宅进行翻新（改造）的需求者急剧增加。

经常听人说"我们的生活即将步入正轨"这种话。

于是，开始思考"什么才是最重要的"，

在周遭的认真生活中发现价值，

追求日常生活中的"故事"，

才能实现完全不同于以往的全新"生活的品质"。

当然，不经意间也会给"家"带来变化。因为，"家"是包裹生活的容器。

本书介绍了许多住户案例，他们购买旧房屋翻新，实现了满足自己理想生活愿望的住宅。

有的人想在东京都中心找寻独居的改善住宅，有的人想在郊外终身定居，还有的人在日常生活中悠然定制自我风格，也有人坚守固定概念的个性化生活享受。

家，存在着多种多样的生活方式。

相比新建住宅，翻新住宅还是有很多优势的。

相同地段、相同面积的旧住宅，比新建住宅实惠很多。

而且，周边的设施齐全，很容易满足居住需求。

翻新能够按照自己心意选择"地段、建筑状态、房间布局、设计风格、价格、保值"等，创造适合当下自己的生活。

每个人延续着各自的故事，创造出悦心的居住形态。

与此同时，翻新也是任何普通人都能做到的生活选择。

Contents 目录

PART 1 一个家的模样

small / medium / large

PART 2　一个家的性格

small / medium / large

理 想 的 家　small / medium / large

PART 1　一个家的模样

家的模样，就是生活的模样。把你对生活的爱与理解融入所设
计的房子，也许就是理想的家。在东京脑洞大开的定制家居设
计故事中，探索房子与家之间的场域。

起居室。黑胶唱片机等考究的 AV 设备，黑胶片也包含
隐晦的艺术。地板上铺的地毯也是从纽约买的。

001

S宅 / 东京都港区 / 夫50岁·妻30岁

摆饰、艺术、旅途
所启发而生的家

Traveler

除了盥洗空间，其他彻底实现了"套间"，
开放空间一直延伸到卧床。使用 FLOS 的
落地灯，墙壁上是摄影家赫柏·利兹（Herb
Ritts）的作品。"因为喜欢，去纽约时特意
带回了他的作品。"

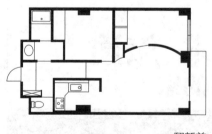

翻新前

翻新后

small / medium / large	Data	
	建筑竣工年份	1995 年
	使用面积	59.35 平方米
	翻新竣工年份	2010 年
	总工费	700 万日元 （约合人民币44.5万元）

注: 东京年平均工资约 23.7 万元人民币（2014 年数据）。

　　打开玄关门，单间套房一览无遗。这套房子面积大约 50 平方米。相比原先，现在的起居室、餐厅至卧室完全开放，没有隔断。喜欢旅行的 S 夫妇，长期处于居住酒店套间的生活中，将喜欢的酒店风物品带回家，渲染成自己内心的色彩，于是便成就了这种印象的空间。

　　"对新建的高层公寓等完全没有兴趣，也没有发现自己想要的住宅。"因此，他们选择了买旧宅进行翻新。以前租住的公寓在麻布十号，于是他们在熟悉的相同港区找寻住宅，购得了建筑年龄 28 年的 59 平方米公寓。

　　"我们最重要的目的是住上宽阔的单间套房。走廊等无用空间全部舍去。"于是，房间内需要摆设的物品也大致确定，FLOS 的灯、Conran Shop 的家具、Vilson Audio 的音响设备等。意在营造映照这些物品的空间，便形成了色调素雅的单纯套间，天花板也是露出水泥面。利用现成照明，照明系统也得以尽可能简洁化。

居住在此四年，每次漫步街上或旅行，居住环境也会随之变化，房间各处生长的枝叶便是其佐证。"这些植物全部都是在惠比寿的BUZZ购买，步行一会儿就能走到。虽然有时生长过密需要剪枝修理等，却能安抚心灵。"S夫妇说，最近感兴趣的是地毯，起居室、餐厅、卧床等边上各有一张，三张地毯都是在海外旅行时购得。"在纽约格林尼治酒店居住时，看到几张复古地毯，正合我心！室内装饰、艺术、生活风格、旅行等，各种事物都在启发着我。"自由自在生活的套间，最适合"旅人"的住宅翻新。S夫妇说，今后还会被"旅途中魅惑我心的事物"所感动，令他们的生活更加舒适且丰富多彩。

阳台侧是起居室和餐厅，玄关侧是厨房和卧床。一间房被布置成四个部分。水泥面的天花板和暗色的地板，粗犷不经修饰感中，绿色植物和地毯略显抢眼。沙发从 Conran Shop 购得。

<table>
<tr><td>1</td><td></td><td>3</td><td></td><td></td></tr>
<tr><td>2</td><td></td><td>4</td><td></td><td>5</td></tr>
</table>

001

Traveler

摆饰、艺术、旅途

1/ 光线充足的餐厅窗边，摆放着几棵绿色植物。餐桌、置物架、吊灯，每一样都符合这翻新空间。

2/ 不锈钢箱体般的厨房，在 TOYO KITCHEN 的展厅，一眼就相中了这样的设计。紧贴墙壁，是因为"不喜欢面对面式厨房"，同时有助于节约空间。

3/ 时尚的间接照明，和绿色植物相呼应。一间房中，共布置五盏心爱的 FLOS 灯，沙发旁当然必不可少。

4/ 常去的绿植店 BUZZ 有着丰富的多肉植物，每次经过都买来一些，放置于餐厅置物架的最上层。

5/ 餐桌椅是 WEANER 品牌的怀旧款。"这是最近才换的新椅子，在一家汇集各种高级北欧家居的 KAMADA 店铺购得，感觉坐着很舒适。"

1/ 房间正中间伸开的绿植。白色砖瓦墙壁中是盥洗室和步入式衣帽间，是唯一被隐藏的空间。周围使用破旧的砖瓦，让富有表情的墙壁成为素雅空间的点缀。

2/ 卧床旁边的地毯是丝绸材质的古董，是今年元旦出游曼谷时的收获。

3/ 餐厅置物架中摆放的是旅行时购买的餐具，由旧金山的老餐具厂商 Heath Ceramics 生产。

4/ 卫生间墙壁上是纽约市某街区的插画地图。"道路纵横交错，非常有意思，也是我最喜欢的地区。"

5/ 卧床旁边是曼谷文华东方酒店的图片集。

6/ 空间设计参考了室内设计师克里斯琴·利亚格勒（Christian Liaigre）的作品集。"他设计的纽约美世酒店（THE MERCER），我也曾住过。"

新居的厨房中有一直想要的配膳室，原本是储藏室。入口为拱门形状，里面涂成蓝色。架子上摆放的餐具也能起到装饰效果。

002

F宅 / 东京都港区 / 夫妻30岁

隔间和厨房特别用心
重视两人相处的时间

Tea for Two

厨房的台面采用地中海蓝色调，墙壁上的白瓷砖为厨房增添了几分活力与俏皮。燃气灶上做了一个餐具柜，收纳常用的杯子很方便。

翻新前

翻新后

Data

建筑竣工年份	1994 年
使用面积	55.16 平方米
翻新竣工年份	2012 年
总工费	1000万日元
	（约合人民币 63.5 万元）

妻子曾经因为学语言而住在巴黎。"那里的公寓全是旧建筑翻新的，内部装修也极具个性，令人欢喜！""比起买新房，旧宅翻新更能按照自己心意设计。"去年刚结婚的双职夫妻 F 就是基于这样的旧时美好体验，设计新居时得到了灵感。

他们购买的住宅为 55 平方米，一层的转角房间带庭院，居住环境好似独立的平房。翻新后的布局设计：面向庭院的最大房间（22 平方米）是起居室，相邻的房间（10 平方米）是卧室。两间房通过推拉门隔开，打开便形成单间的宽大生活空间。"在起居室感到困意立刻能到卧室，夜里口渴的话厨房就在旁边。没有必要通过走廊的空间设计，方便生活。"就算一个人在起居室，另一个人在卧室，也不会减少彼此的亲密感。

他们的家中最为讲究的是厨房。"翻新时，我们参考了介绍国外厨房的杂志。"F 夫妇说。蓝白搭配的瓷砖，地中海色调的精美设计。在有限

的空间内，游刃有余的生活便利也经过了主人的深思熟虑。墙壁侧是炉灶，过道另一侧是餐桌，餐桌面板还同水槽相连。"餐桌也就是作业台，收拾、清洗餐具时乐趣无穷，老公还能在对面帮忙。"妻子说。餐桌上是茶壶，厨房里是意大利咖啡壶。紧凑的套间，就像一间舒适的咖啡馆。"没错，我和老公都爱喝茶。在这享受悠闲的喝茶时光，或许是当下最享受的时光！"周末，两个人还会烤面包，自己揉搓面团，房间不久便飘散着香气。倒上茶，开始品尝刚出炉的面包。对于两人都工作的新婚夫妻来说，这是极其幸福的时光。这样的翻新效果，能够拉近夫妻俩的距离，让两个人更珍惜在一起的时间。

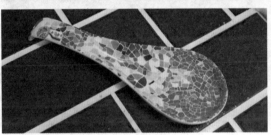

1 | 2 | 3
  | 4 | 5

Tea for Two

002

隔间和厨房特别用心

1/ 带水槽的正方形餐桌摆放于敞亮的窗边，舒适的"咖啡馆"由此诞生。地面设有台阶，烹饪时或入座时，可按需要调节桌面高度。

2/ 这是什么？原来是用香槟塞制作的人偶。"戴墨镜的是森田先生（节目主持人），我可是他的粉丝（笑）。"

3/ 男主人故乡岩手南部的铁制茶壶。"喝日本茶就得用这个，和陶瓷茶壶泡出来的茶味完全不同。"

4/ 瓷砖上彩色的饭勺令人眼前一亮，这是去西班牙旅行时淘来的小工艺品。

5/ 用于装饰入口的象摆设。新婚旅行去了非洲的毛里求斯，从那以后便对非洲小物件着迷了。

Tea for Two

隔间和厨房特别用心

1/ 拍摄当天，东京在下雪。远望庭院时，令人产生置身于独户别墅的错觉。

2/ 起居室和卧室相邻，墙壁中安装推拉门作为隔断。"原先还担心 55 平方米是不是太小了，但现在这两间已经够住。而且还多出一间，将来有小孩了也能住得下。"

左/ 步入玄关的景象。地面延伸至远处的起居室，音箱随意摆放其间，这样简洁而有个性的空间和风格十分相称。

右/ 天花板顶壁处隐藏着 2.5 米的幕布，通过遥控器升降。幕布带来具有冲击力的画面感，充溢着临场感的音效。与其说是"起居室也是家庭影院"，不如比作"生活在电影院中"更贴切。

音乐和影像，追求个人爱好
乐居于极尽趣味的"剧场"中

Theater

从浴室的窗口可以看到阳台，卧室是开放式。躺在床上也毫无遮挡，可以尽情享受音乐。为了白天也能观看电影，S先生使用了遮光窗帘。

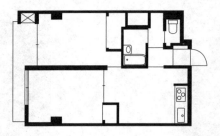

翻新前

翻新后

small / medium / large

Data

建筑竣工年份	1969 年
使用面积	43.93 平方米
翻新竣工年份	2008 年
总工费	730 万日元
	（约合人民币 46.3 万元）

接着这次翻新机会，新换了 KEF 的落地音箱。再用相同木质材料制作长椅状置物架，可以摆放约 300 张 CD。

"这样高品质的音箱如果在狭小房间中使用，结果便是糟糕透顶的声音反射和极差的音效。所以，好想住大房子，却无奈房价太高。"或许，买套旧公寓翻新才是上上策。于是，S 先生的动机就是要创造一个"理想的音效空间"。

考虑到出勤的方便，S 先生买下了东急池上沿线的公寓。面积 44 平方米，一个人住足够了。翻新的主题理念是"剧场"，营造悦心享受音乐和视频的空间是第一要义。厨房、卧室、卫生间等生活功能的空间，"只要有就好了。"就这样划分出来。

进入玄关，便是被斜置墙包夹住的入口。再往里走，马上就会看见宽敞的水泥地面。墙壁两侧摆放着作为"主角"的音箱，2.5 米的幕布从上方利落垂下。这里究竟是电影的试片间还是唱片的视听间？其实是个几乎没有生活气息，充满个性且简洁的剧场空间。周围是呈"八"字形的墙壁，

内部设置有厨房、洗浴室。浴室的隔断墙还带窗户，在房子的任何空间都能很好地感受美妙音乐，入浴时也不例外。

下班回家，主人会任性播放喜欢的古典音乐CD。懒懒坐入在音箱前的柯布西耶沙发，倍感轻松。如此酒吧般昏暗的空间，或许也适合轻酌小酒。到了休息日主人就看电影，其实刚住进来时每天开开心心地看一部电影，最近是开始减少啦。除了心灵放松，还兼具舒适感的场所便是工作空间（第27页）。这里没有餐桌，饭食也大多在此解决。当然，无论是享受美食或伏案工作，都能沉浸在舒心的音乐中。究己所好，摒弃繁杂的"独享影院"。翻新的可能性如实传达。

选用水泥地面是因为"吸音材料不适合"。黑色喷涂的天花板也是为了防止投影仪反射。带窗的斜墙内是浴缸、洗面台、卫生洁具，最右侧墙内是步入式衣帽间。

003

Theater

音乐和影像，追求个人爱好

1/ 厨房是半开放式，使用半边墙隐藏。台子和抽油烟机都是不锈钢的箱体状，收纳方面没有特意设计，而是采用无印良品的置物架。

2/ 透过斜墙的窗口可以看见盥洗室，紧凑的空间中布设了浴缸、马桶、洗面台，功能齐全且使用方便。

3/ 浴缸旁边的窗口透明，可用内侧的窗帘遮挡，但通常都是敞开入浴，还能边洗边看电影。超出常理的自由翻新，可见一斑。

```
1
2
3
```

003

Theater

音乐和影像，追求个人爱好

1/ 呈"八"字形的角落是工作区，定制的工作桌和置物架，摆放着 AV 设备等。天花板上是投影仪，沙发旁边还有后置音箱。

2/ S先生尽可能避免使用吸音材料，但这种地面在隆冬季节确实太冷，所以周围铺上了地毯。边看电影边喝酒，朋友来了就放上小圆桌。

3/ 床头一角是定制的书架，S 先生自从大学时代进入管弦乐团之后，吹小号的爱好至今没变。最上层摆放的是吹奏时使用的消音器。

近前是起居室，白漆的木板墙隔开工作区。旧铁架桌的上下的随意摆放也令人愉悦。"多亏起居室加设了隔断，放置小物品的空间也更加充裕。"

004

O宅 / 东京都世田谷区 / 夫妻30岁

如同店铺般的乐趣
杂货控夫妻的雀跃空间
Shoppish

起居室的阳台边上，绿植也装饰成摆设的
感觉。"这个好喜欢，买吧！就像这样，
东西越来越多（笑）。与其说我家是不修
边幅，不如说是各种物品的存放空间。"

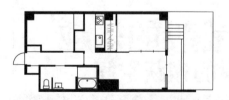

翻新前

翻新后

Data

建筑竣工年份	1975 年
使用面积	57.12 平方米
翻新竣工年份	2011 年
总工费	320 万日元 （约合人民币 20 万元）

　　"300 万日元左右真的能完成翻新吗？"O 夫妇怀揣试试看的心态来到设计工作室。他们已购入的旧公寓是 57 平方米的两室一厅，虽然已经重新装修，但还是存在起居室狭窄、地板松动、厨房封闭等不满意之处。处理这项翻新工作的设计师回忆道："当初看到 O 夫妇带来的房间照片以及新宅装饰构思图笔记（第 33 页·图 4）时，不禁感叹夫妻俩不愧是编辑（夫）和插图画家（妻），空间感非常棒，将两人的世界观清晰呈现。这样一来，刚买来且重新装修过的状态，只要部分改动就能满足他们的心意！"

　　首先，为了增加空间，连接面朝阳台的两间房，改造成 20 平方米的起居室和餐厅。妻子在家工作，需要工作空间。所以，设计师计划用木板墙分区，同起居室分割。"分割之后本应感到房间变得狭窄，但木板墙的两边及上方空开，毫无压迫感，反而感觉空间充裕。"O 先生说。"工作时桌子四周混乱摆放，所以起居室的视线被遮挡一些，我工作起来也随心

004

Shoppish
如同店铺般的乐趣

1/ 工作区中，夫妻俩的椅子并排摆放。背面的书架也是木板墙，使用旧木材制作（第34页·图1），旁边的窗帘使用旧衣店的印花大手帕。

2/ 工作区使用最大宽度（3米），设置了桌子和置物架。"本打算用于书架，但小物品太多，就成了装饰架（笑）。"

3/ 工作桌一角，艺术品和趣味摆设等显得杂乱，但却是画面中O夫妇的内心全部。

4/ O夫妇带到设计工作室的装饰笔记。各种轻便家具、小物品、新购物件等，全部描绘成用尺寸详细的插图。

许多。"O太太说。使用旧材料的木板墙朴素质感，正符合主人的嗜好，且突显出各种小物品的视觉空间。

"住进去之后，小物品越来越多（笑）。之前的家混乱不堪，但现在的家是一种小物品装饰出的视觉享受。"被各种喜欢的东西包围着，杂货店般的乐趣住宅。而且，300万日元就能实现这样令人满意的翻新效果，让O夫妇很开心。

1/ 木板墙高 1.6 米，刚好能把书架整个地隐藏起来。"希望改造成 Flat House（美军军营般的旧式平顶屋住宅）的墙壁感觉。"为了满足业主的要求，采用旧木板加上白漆，完全契合 O 夫妇的审美。

2/ 透过厨房窗口就能看到起居室。沙发品牌是 PACIFIC FURNITURE SERVICE，还特意在笔记中写上"新家想要的家具"。

3/ 斜面搭建的公寓一层，阳台改装成木甲板。近处是楼梯，下去就是专用庭院。

1	2	
	3	4

004

Shoppish

如同店铺般的乐趣

1/ 从阳台能够看到起居室和餐厅，货箱、隔断、蓝色的门。有限的预算内，精心设计了具有冲击感的效果。墙壁和天花板没有改动，地面铺设了实木地板。门对面是盥洗室，卧室没有改动，成本得以降低。

2/ 独立厨房空间，墙壁中设有窗口，同起居室和餐厅建立起互动。"灵感源于地铁的车窗。"

3/ 4/ 起居室一角，放置的壁橱看起来像是货箱的造型。锁和把手采用行李箱的部分改装而成。

005

K宅 / 东京都台东区 / 30岁单身

厨房的"可见收纳"，书架中的显示器和色彩缤纷的物品，构成令人愉悦的两室一厅。"虽然风格有些小清新，本意却是装饰出成熟品位。"家具之间的格格不入也是趣味所在。

采光充足的豪景住宅
365天都像在度假

Holiday

开放式的设计，实现充满阳光的舒适空间。左侧墙壁对面是工作区和卧室，沙发从宜家买的，猫会跑来跑去，所以选择了可换沙发套的类型。

翻新前

翻新后

small / medium / large	Data	
	建筑竣工年份	1989 年
	使用面积	58.25 平方米
	翻新竣工年份	2009 年
	总工费	970 万日元 （约合人民币 61.5 万元）

　　下町的沿河住宅，价格 2000 万日元（约合人民币 126.9 万元），K 女士就是以这样的条件找到了这间旧公寓。"我很喜欢下町，以前也在龟户（江东区）住过。无造作且生活舒适，东京的话我只愿意住在东边（笑）。"而且，这里距离浅草车站步行只需十分钟，隅田河就流淌在眼前，真是可遇不可求的住宅。"七层的东南角房间两面采光且呈四方形，改造成一间房的话，靠里面位置也能享受充足光线，于是决定买下。"她的工作是编辑设计师。"生活是住办合一，所以我在家的时间很长。采光好且视野好的话，长此以往才能保持好心情。"

　　这套房子两室一厅的面积大概 33 平方米左右，较宽松。在厨房烹饪的时候，还能欣赏蔚蓝的天空和隅田河。"工作相关文件和书籍很多，固定式书架必不可少。电脑的摆放位置必不可少，架子空开处还是猫散步的小道，所以我的猫也很喜欢。"工作区和卧室通过墙壁（1.6 米）稍作分割，

Holiday

005 | 采光充足的豪景住宅

1/ 2/ 定制书架设计了大小不同的推拉门，根据开关门的状态，书架变换出不同装饰表情。而且，其中一面拉门用作黑板，可涂涂画画或贴东西。还有，名为 TAKA 的小猫咪最喜欢拉门和书之间的空隙。

3/ 放在床边的椅子是 K 女士最喜欢的纽约精选店铺 Anthropologie 的商品。"日光充裕的暖洋洋好位置，全被猫和狗（名为 Lady Une 的波士顿犬）占领了。"

4/ 厨房的墙壁上，装饰着海外旅行买来的彩色手绘器皿。不用刻意对齐，随心摆放的"凌乱感"令人赏心悦目。K 女士正在学习大溪地草裙舞，连饮水机中的水也是夏威夷品牌。

5/ 没有收纳柜，厨房旁边的书架用作餐具架，白色架子映衬着多彩的餐具。

6/ 草裙舞者的人偶、同当地舞蹈老师拍摄的照片等，随处可见南国风情。

任何空间的光线都很充足，没有封闭感。而且，连浴室都是敞亮、开放的！面向室内有一个大窗口，浴盆就在近旁，可以眺望窗外的景色。"早上洗澡也有好心情，晚上还能欣赏东京天空树的灯饰。或者，边品尝美味红酒边享受沐浴（笑）。"

每个角落都光线通透的单居室型居住空间，生活方式也焕然一新。"以前我是个夜猫子，现在早睡早起，工作更有效率，时不时还邀请朋友来我家开派对。"K女士说。爱犬的散步线路可以沿着隅田河，或者在浅草寺附近过河走去天空树，可选方案有很多。"在浅草散步很开心，回家后也很舒服，这是我最理想的居住环境。"在下町的翻新空间中，简直每天都是假期。

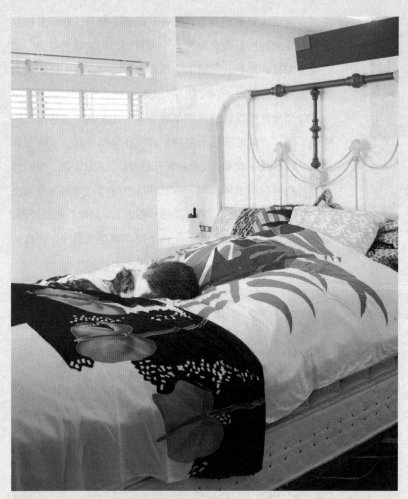

005 **Holiday**
采光充足的豪景住宅

1/ 2/ 卧室不到4平方米，较拘谨。但墙壁上部凿开，方便光线进入，没有封闭感。仿古风格的床是 Anthropologie 品牌。"我特意委托集装箱船运商，从纽约运来。"可见K女士对这张床有多喜爱。床套使用大溪地的 PAREO 布料，纽约的现代化风格加上南国风情的绝妙搭配。

3/ 工作区设置于面朝阳台的位置，采光条件最好，隔断墙涂着淡淡的粉色漆。

Holiday

005 采光充足的豪景住宅

1	3
2	4

1/2/ 卫生间采用洗面台同色漆，门把手从 Anthropologie 购得，再小的物件也传递着主人的生活品位。通过右页的图可以看到，盥洗室是四通八达的空间设计，卧室和起居室的行径路线也很自然顺畅。

3/ 洗面台大胆采用深粉色漆，北侧有窗口，和浴室一样采用玻璃隔断，自然光就能满足需求。

4/ 浴室讲究，有着朝向房间的窗户。窗边是贴着绿色马赛克的窗台，便于摆放红酒或书。优雅的沐浴时光，是舒缓压力的最佳方法。

勝どき

麻布十番

T宅的餐厅，矮饭桌是祖母留下的老物件，1954年开始使用至今。
墙壁、天花板是光秃秃的水泥面，粗加工材料和榻榻米的搭配算是
创新。左边的白色墙壁中还有床褥的存放空间，晚上一家三人呈"川"
字形并排睡。

006

T宅 / 东京都世田谷区 / 夫30岁·妻40岁·一个孩子

青山一丁目

在日式榻榻米空间中
用餐、放松、入眠

Tatami life

水泥地面的工作间，面积10平方米左右。
同榻榻米空间一样，是翻新时必不可少的
空间。"孩子长大之后也需要自己的房间，
将这里让给她？或者换套新公寓？"

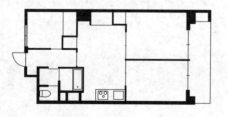

翻新前

翻新后

small / medium / large

Data

建筑竣工年份	1972 年
使用面积	54.80 平方米
翻新竣工年份	2007 年
总工费	1000 万日元 （约合人民币 63.5 万元）

　　这套房子电车不停奔走的东急世田谷线沿线。"因为喜欢悠闲的环境，想要住在这条沿线，所以找到了这间公寓。"丈夫是公务员，宿舍公寓即将到期，之后的住宅考虑旧宅翻新。"原本想住旧民居，但现实条件不允许。于是考虑在公寓中过日式生活。"购买的公寓建筑年龄 35 年，面积 54 平方米。"面积不大，但预算只有这么多，所以设计当初就不打算要单独房间。"

　　进入玄关之后，水泥地面的工作区展现在眼前。"旧民居也是水泥地面，所以采用了这种风格。"墙壁侧是固定式的工作桌和书架，当初考虑用于丈夫的书房和工作间，但孩子上小学后就成了父女两人的合用空间。"紧凑却恰到好处，安稳舒适的空间，水泥地面在 DIY 作业时也很方便。"

　　水泥地面延伸至里面的厨房，接着转变为铺设地板的起居室。起居室和餐厅有 20 平方米左右，其中一半被小台阶的榻榻米空间占据。"在这里吃饭，睡觉时将矮脚桌放到一边，铺上被褥。在上面滚来滚去也很开心啊！"按照时间轴使用榻榻米空间，就像以前在日式长屋里的生活方式。而且，一家人的生活节奏也井然有序。

"我们的生活可以理解为围绕着榻榻米的生活，不需要有卧室。当考虑设置工作区还是卧室时，我们断然选择工作区。"面向阳台的起居室、餐厅及厨房，采光条件良好，玄关侧的工作区使用较昏暗的间接照明，表现出明暗差的空间感。来回于两个空间，心情也随之变换。

54平方米的空间布置了各种不同居住体验的设施。最开心的是孩子，3平方米的自由空间就是她的秘密基地，在家中喜欢的地方玩耍或学习，就像游牧民族般自由生活。"将来换房时，我们还打算旧宅翻新。将来设计卧室，也还要有台阶式的榻榻米空间。"一家三口和睦生活，现代和传统接合的住宅，重新焕发了榻榻米生活的舒适性。

起居室的一半是地板，近处有一块低台阶的榻榻米空间。在沙发上放松，在榻榻米中躺着看电视，是一家人都能心满意足的多功能空间。

1 | 2 | 3 | 4

006

Tatami life
在日式榻榻米空间中

1/ 盥洗室的墙壁和水泥地面一样，用简单的水泥砂浆处理。"关掉洗面台的灯，沿着昏暗的灯光进入，让人放松的环境。"

2/ 3/ 连接起居室、玄关及工作区的通道旁有一个白色箱体房间，里面是步入式衣帽间和儿童空间，后者是宽3平方米的阁楼设计，地板下方是床褥的存放空间。天花板敞开，而且还有一个小窗，能够随时观察孩子在里面的情况。"不知什么时候挂上了布帘，孩子大了开始注重隐私了吧！"

4/ 榻榻米的台阶高度30厘米，台阶下方刚好可以发挥收纳功能，就像一个巨大的抽屉。备用生活物品、零食、换季衣服、客用餐具等，简直就是一个迷你仓库的容量！"真是帮上大忙了，如果没有这个收纳空间，我们家肯定混乱不堪。"

1/ 餐具柜也是"昭和气息"的茶碗柜，从喜欢的古玩店山本商店购得，儿童空间的座桌（第55页）也是从他家买的。

2/ 玄关附近的混凝土墙面，用电钻开孔后安装上无印良品的置物架。"这个置物架真方便，厨房（右图）的墙壁也安装了一个。"

3/ 厨房是紧凑的 L 型，玄关到这里都是水泥地面。吧台不是用于吃饭，起初的目的是希望孩子在读书时也能与妈妈交流，效果非常不错。同长椅并排的是陆龟的家（水槽）。

起居室的墙壁布满 CD，桌子和椅子是从飞弹高山的 KOZO 内饰店订购。桌子和椅子都比较矮，坐下很宽松。"其实还放置了沙发，但这里的椅子实在太舒服，不想挪步。"

007

S宅 / 东京都新宿区 / 夫妻40岁

珍藏一万张CD
热爱音乐的夫妻之家

Music

盥洗室的墙壁和水泥地面一样，用简单的水泥砂浆处理。"关掉洗面台的灯，沿着昏暗的灯光进入，让人放松的环境。"S先生说。

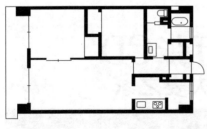

翻新前

翻新后

60

Data

建筑竣工年份	1973 年
使用面积	62.78 平方米
翻新竣工年份	2010 年
总工费	1000万日元 （约合人民币63.5万元）

　　翻新空间体现了居住者的生活方式，能够如实传递这个道理的便是这间 S 宅。丈夫是自由播音主持，妻子是电台节目制作公司的主持。热爱音乐的夫妻俩，珍藏了一万张 CD。"这些 CD 怎么收纳？"变成了翻新的主要课题。

　　市中心的住宅区，分售式的住宅，以从业主租借的形式一直住了七年。在打算换房时，夫妻二人得到了顶层（七层）要出售的消息。"面积（62平方米）和空间布局基本相同，与我们当时住的房间（三层）相比，阳台朝向不同，而且光照和视野都非常好。上班也很方便，买下这里翻新的话，就没必要搬到其他公寓。"

　　夫妻俩打算有效利用 62 平方米，创造出宽裕、轻松的家。关键目标有两个：尽可能使起居室紧凑，舍弃独立的卧室。由此，玄关、工作间、步入式衣帽间等，想要的空间都得到满足。起居室和餐厅设置有榻榻米台阶，可用于放松场所或卧室等功能。

确定最困难的 CD 收纳方案时，他们将起居室的一面墙改造成开放式置物架。置物架板的间隔是 CD 高度加上一指宽，收纳效果绝佳。紧密排列的 CD 摆好后色彩渐变，勾勒出壁画般的氛围。"我们最初打算采用隐藏式收纳设计，但开放式设计方便经常取用，还能成为家庭装饰的一部分，所以决心采用这种形式。所有珍贵 CD 集中在每天最久待的地方，远远看去也是一种风景。"S 夫妇说。朋友来时都很兴奋地说："你买那张 CD 了啊！放来听听吧！""能够和朋友们一起欣赏最喜欢的音乐，这也是'开放式收纳'给我们的恩惠。"S 夫妇说。

纵向支撑的梁被巧妙掩饰，强调置物架板水平线条的设计提升了美观性。置物架的最上方是 CD 盒套装组，最下方收纳 AV 设备，收纳空间设计得淋漓尽致。

007 **Music**
珍藏一万张CD

1	2
3	4

1/ 厨房背面的墙壁，冰冷的水泥表面搭配开放式置物架。最上层的英文字母"DM"摆设是夫妻俩的姓名首字母。

2/ 厨房被露头高度的矮墙隔开，从起居室或过道看不到厨房的杂乱状态。最右侧是连接玄关的水泥地。

3/ 台阶式榻榻米下面全部是收纳空间，分为七块半张榻榻米，以代替储藏柜。"方便打开的位置存储日常用品，无论需要什么都能立刻拿出来，非常好用。"

4/ 玄关至起居室的通道中间，夫妻共用的工作间。凹入墙中的空间，即使没有隔断也能集中精神工作。"并不是私人空间，我们两口子吵架时或想要自己静静时，也是很好的回避空间（笑）。"

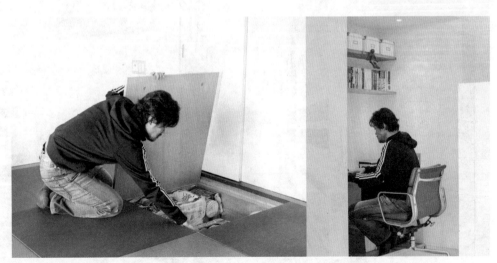

007 **Music**
珍藏一万张CD

1/ 步入式衣帽间中，堆放着丈夫珍藏的运动鞋。鞋盒上的标签还留在上面，好似鞋店的仓库。

2/ 入口设置了铁制储物柜，除了鞋子以外，还能存放书本、杂物等。

3/ 连接榻榻米台阶（卧室）和盥洗室的步入式衣帽间。早上洗澡后换衣服，一连串动作顺利进行。

4/ 水泥地收纳。行李箱、矿泉水等大物件也能轻松摆放的方便场所。

5/ 步入式衣帽间由 IKEA 收纳套件组成，装上了首饰托盘等方便的部件，成本得以降低。

007 **Music**
珍藏一万张CD

左/ 从玄关看向起居室，视线可穿透至最里侧的阳台窗户，显得更宽敞。

右/ 台阶榻榻米的天花板上安装了投影仪，起居室也能变为家庭剧场。音响系统是 5.1 声道的环绕立体声，观赏演唱会 DVD 时的现场感和音效，令音乐发烧友痴迷。

里面的起居室上两层台阶就是工作间,设计灵感取自"码头"。
"丈夫是北海道的函馆人,我是静冈县的清水人,我们俩都
出生在港口城市,所以提出了这样的方案。"

008

N宅 / 东京都板桥区 / 夫40岁·妻30岁·一个孩子

兼具停车场和工作空间
设计师夫妻的家

Bicycles

兼用入口的水泥地，地面材质正适合停放自
行车。中间替换成地板，过道呈缓和的斜坡。

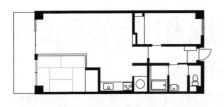

翻新前

翻新后

Data	
建筑竣工年份	1981 年
使用面积	66.81 平方米
翻新竣工年份	2010 年
总工费	1200 万日元
	（约合人民币 76 万元）

家中也能存放自行车！进入玄关就有惊喜的 N 宅。丈夫是东京都内公司的平面设计师，妻子是自由插画作家。热爱骑车的夫妻俩共有五辆自行车，住宅的自行车停放空间不够，想要通过翻新给爱车更多空间。

从池袋乘坐东武东上线快车，一站路就到成增。随着副都心线开通，这里成为极具人气的地区。确定购买此处住宅的决定因素是窗外开阔的公园及绿植。"以翻新为前提，所以并不在意新旧或空间布局，更重视自己无法改变的环境。"

在家工作的妻子需要工作间。玄关侧的水泥地用于停放自行车，阳台侧靠近起居室、餐厅及卫生间，在其中间改变高度设置了8平方米左右的工作间，背靠起居室。"既有独立感，各空间也相互关联，显得开放。背后有家人活动的气息，工作也能更加集中精神。"定制桌的一角还有缝纫机，擅长手工的妻子亲手制作衣服和包，还在网上售卖。充实的工作间，

Bicycles
兼具停车场和工作空间

1/ 水泥地空间的面积为12平方米，入口是后加的，能够存放五台自行车。里面的白色墙壁是储物柜。

2/ 水泥地的墙面。开放式储物柜中排放着白色箱子，里面用来收纳鞋子和杂物等。

3/ 水泥地面还有自行车停放的标记，是在上网查阅各国标记之后，采用了其中他们最喜欢的图案。

能够实现任何可能。

　　最为考究的是起居室，夫妇俩想要植入最喜欢的爵士及品茶氛围。"我是在学生时代经常路过的商店认识我妻子的。从店老板那里购得旧扬声器和店里使用的椅子，扬声器嵌入天花板边缘，制作成音响，椅子现在是最喜爱的起居室座椅。"N先生说。刚开始夫妻两人住，之后有了孩子。包含夫妻两人梦想的起居室，现在是一家三口的开心乐园。

　　兴趣、工作、日常生活。想要的全部填满在这66平方米空间中，真是令人满足的居住空间。

右后方，玄关门的内侧安装了百叶窗，夏天也能
保持良好通风。右侧的斜墙里是卧室（8平方米），
还设有换气及采光的小窗。过道宽逐渐变窄，朝
向起居室逐渐变宽。

Bicycles
兼具停车场和工作空间

左/ 热爱爵士乐的 N 夫妻。灶台旁边是隔墙，兼用 CD、AV 设备的置物架，同时还能遮掩厨房。天花板部分还有极其讲究的内置音响，实现了梦幻般的"爵士及品茶空间"。

右/ 采光充足的露台侧为厨房。考虑到空间设计，灶具和水台分为两列。可以一边欣赏着公园的绿植，一边开心烹饪。

Bicycles

008

兼具停车场和工作空间

<table>
<tr><td></td><td></td><td>3</td></tr>
<tr><td>1</td><td>2</td><td>4</td></tr>
</table>

1/ 爵士及品茶，还有排列着淘来的旧椅子，幸福满满的起居室。桌子也是仿制那家店的 DIY 作品。"找公寓时，爵士、品茶及单车成为首要条件。"还有那家充满回忆的店，在这间住宅中得以重现。

2/ 水泥地、工作间及起居室，一侧墙壁设计了宽 10 米的收纳架。起居室部分带门页，电视也能被利落收藏。

3/ 从玄关看去，视线可及最里侧的阳台，给人宽余空间感。左侧的白色门内是卧室。

4/ 面向公园，窗外的绿植生长茂密。"能有这样的环境，可遇不可求。对孩子成长有利，而且距离荒川附近的单车道很近，对我们来说是最好的地段。"

80

009

Y宅/东京都大田区/夫妻30岁

大胆使用中意的颜色
舒适放松的家

Favorite colors

厨房是全开放式，强调水平线。背面的墙壁采用最喜欢的黄色漆。
电器用品全部收纳于置物柜中，外部通常保持整洁。

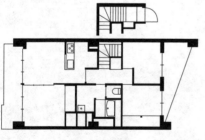

翻新前

翻新后

Data

建筑竣工年份	1970 年
使用面积	70.60 平方米
翻新竣工年份	2012 年
总工费	1200 万日元
	（约合人民币 76 万元）

　　"我们在看设计工作室的翻新推介会时，发现居然有在室内放置单车的案例，真是大开眼界，便寻思着他们或许也能实现我的梦想。"Y 夫妇说。之后，委托找寻房产，介绍的就是这间公寓。建筑年龄已有 43 年，但两侧都有阳台。加以精心设计，一定能够翻新成采光良好、通风良好的住宅。"以前租住的公寓条件较差，甚至有霉菌，所以这次很重视采光和通风。"Y 夫妇打算住更大的房子，这也是换房的动机，70 平方米就够了。玄关在二层，房间在三层，特殊的楼中楼结构，很是期待翻新的效果。

　　从玄关走上楼梯，宽敞的单间令人惊叹。第一眼关注到的，肯定是黄色的墙壁！"当初突发奇想用黄色，于是将厨房的墙壁刷成了黄色。"大胆运用喜欢的颜色，表现自我风格。"卫生间的橄榄绿，鞋架的水蓝，步入式衣帽间的宝蓝，从起居室到卧室是渐变的色彩。而且，每处颜色也都代表着不同的心情。"

原本是70平方米的两室一厅，改造成舍弃个人
房间的统一空间。厨房布置于中央，前端整面是
玻璃砖，还有极具冲击感的黄色墙壁。右侧，被
U字形置物架包住的空间便是工作间。定制家具
随处可见，且全部统一成不会遮挡视线的高度。
视线所及各处，令人感到宽松。

009 **Favorite colors**
大胆使用中意的颜色

1	2	3
4		5

1/ 玄关狭窄，所以在登上楼梯的三层设置了鞋柜，涂上了水蓝色的漆。如同鞋店的展示柜，也是室内装饰的一处独特风景。

2/ 卫生间被粉刷成清爽的橄榄绿。

3/4/ 卧室旁边是步入式衣帽间，入口是拱门，里面的墙壁被涂成宝蓝色。夫妻二人都喜欢帽子，衣柜里也有很多，平常很爱打扮。

5/ 北侧的阳台附近设置成卧室。立起遮挡视线的玻璃屏风，轻松划分区域。内含气泡的琥珀色玻璃，同厨房的黄色墙壁搭调。地面和起居室有所不同，贴着瓷砖。感觉半间房已在室外，就像在阳台中放了张床。窗头上排列的帽子是装饰。

　　Y 宅的特点除了颜色以外，还有"定制家具"。一体型餐桌的宽厨房，厨房对面是长收纳柜，也是呈 U 字形构造的工作间的桌子。桌面的高度统一为72厘米，强调空间的横向深度。也就是通过巧妙的方法，营造出"隐藏水平线"的效果。"工作间整洁，用家具打造真的没错。感觉像是被置物架包裹住的舒适小房间，令人心情放松。实现了许多收纳空间，且高度没有压迫感。如果买成品家具，或许没有这样满足心意的效果。"除了卫生间及浴室，没有其他封闭房间的65平方米空间，Y 夫妇在此舒适生活。问他们最喜欢哪里，回答是"全部"。

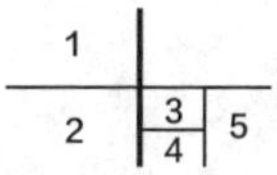

009 Favorite colors

大胆使用中意的颜色

1/ 装修之后变高的天花板中安装着扬声器，音乐环绕整个屋子。起居室的电视柜是定制家具，近处的工作间是夫妻共用。定制家具有充足的收纳空间，没有必要放置其他成品家具。

2/ 眼前就是流动的河流，没有高建筑物，日照条件良好。起居室和卧室的窗户打开之后，通风也良好。

3/ 工作间的桌边，摆放着黑胶唱片机（Vestax的Guber）。据说夫妻二人结缘于现场音乐会，时尚、音乐等共同爱好都体现在室内装饰中。

4/ 灶具片笔直延伸的定制餐桌，桌面中间嵌入马赛克。

5/ 二层的玄关到三层的楼梯是水泥地面，墙壁用夫妻二人的单车装饰。

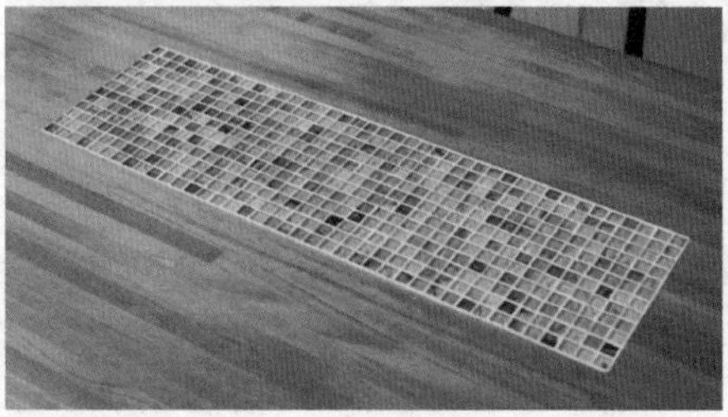

进入玄关便是时尚设计的入口厅，橙色部分是水泥地面。"因为房间没有阳光照射，所以涂成明亮色调。"书架整齐陈列着外国杂志，就像精品书展示架。丈夫是平面设计师，妻子是产品设计师，恰好满足他们的需求。台阶状的位置就是读书的长椅。

010

S宅 / 东京都大田区 / 夫妻30岁

橙色玄关、一坪茶室
充满玩心的住宅

Wonderland

翻新前

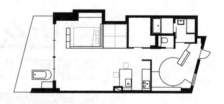

翻新后

Data	
建筑竣工年份	1980 年
使用面积	68.01 平方米
翻新竣工年份	2007 年
总工费	800 万日元 （约合人民币 50.7 万元）

　　"以前租住的房子将门全部敞开使用，所以通过走廊能够到其他房间的空间布局完全没有概念。"S夫妇说。28 岁时购买了 68 平方米的住宅（建筑年龄 27 年），正面临如何翻新的S夫妇，最希望的是宽敞的统一空间，所以利用朝向阳台的大窗开放感，卧室、日式房间、厨房等通过台阶或墙壁等逐渐区分的统一空间设计。即使没有单间，也能变换模式生活。

　　正前方抢眼的是被 U 字形墙壁包裹的日式房间。当初，丈夫希望有"小憩空间"。妻子也说："如果有间小茶室，感觉一定很好。"于是，台阶连接起居室的"3 平方米茶室"由此诞生。"开放式却有蜗居的温馨感，我和常来的朋友们都称这里是'蜗居'。春天靠近多摩河沿岸的樱花树，一边赏花一边品茶已成为惯例。"S太太说。

　　"以后生了孩子，儿童房怎么办？"针对这个课题，他们打造出橙色的圆形空间。"游乐场般的圆形儿童房也很有趣！""作为自己的工作室也可以。"各种设想发散开来。搭建成时尚的入口厅，作为"今后都能享受乐趣的空间"。墙壁中的书架，展示着工作资料及外国杂志，这也是夫妻日常的一部分。"本打算用于儿童房，但这么好的空间给孩子太浪费了，干脆占为己有（笑）。这里是两口之家，如果家里有了小孩，还会创造更适合的空间。翻新令人开心，希望以后还有机会。"

1	
2	4
3	

010 **Wonderland**
橙色玄关、一坪茶室

1/ 之前家中用于隔断的碗柜。中国风的古董家具，上层是抹茶碗。

2/ 起居室和开放式的日式房间，统称"KOMO ROOM"。小憩、收拾衣物、喝茶或招待客人，多用途的灵活空间。

3/ 划分日式房间或卧室（第100页）的墙壁，也是猫咪散步的地方。

4/ 北侧的单间，水槽（高90厘米）和灶台（高80厘米）分开的并列型厨房。"即使再紧凑，也要这种对面型厨房。已用惯敞开式收纳，所以烹饪工具都放在外边。使用方便，即便再换房也要保留这种形式。吧台凳是伦敦设计团队AZUMI的代表作。""家具都是简易式，这方面需要有些新鲜感。"

<table>
<tr><td>010</td><td>Wonderland
橙色玄关、一坪茶室</td></tr>
</table>

| | 1 | 2 | 3 |
| | | 4 | |

1/3/ 从厨房看向起居室，厨房、起居室及餐厅共计28平方米。起居室设有桌椅，早饭在厨房餐台享用，晚饭在起居室轻松享受。右侧的墙内是卧室，上部开孔的墙壁作为隔断，保留开放感，区分出生活空间。隔断墙设置小窗，也有拓展视线的效果。

2/ 六边形的置物架自由搭配，标志性的木制家具。以前家中是猫咪的玩耍空间，现在是放在窗边的装饰架。

4/ 地面是橡木地板。"本来想用深色，但猫咪的掉毛会变得明显，所以选择了浅色。"

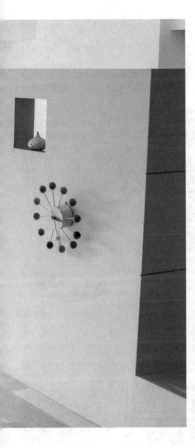

010 Wonderland

橙色玄关、一坪茶室

1/2/ 面朝阳台的卧室，开放且明亮。"早上，会被阳光叫醒。"阳台侧设计了台阶状的架子。通常，分租公寓的卧室是玄关侧的单间。但是，这却是自由设计翻新的好案例，"朝南且开放式"。

3/ 猫咪的散步小道，部分间接照明设置于墙壁上方。荧光灯的光线温暖，猫咪在冬季时最喜欢在这里。

4/ 隔断墙的小窗用绿色漆，还有摆件装饰。

5/ 翻新完成的公寓，考虑到预算，浴室（整体浴室）保持不变。憧憬开放沐浴的丈夫买来浴缸，安装于阳台。通过室外的热水器供水，享受露天沐浴。夏天的家庭聚会，还能用浴缸冰啤酒。

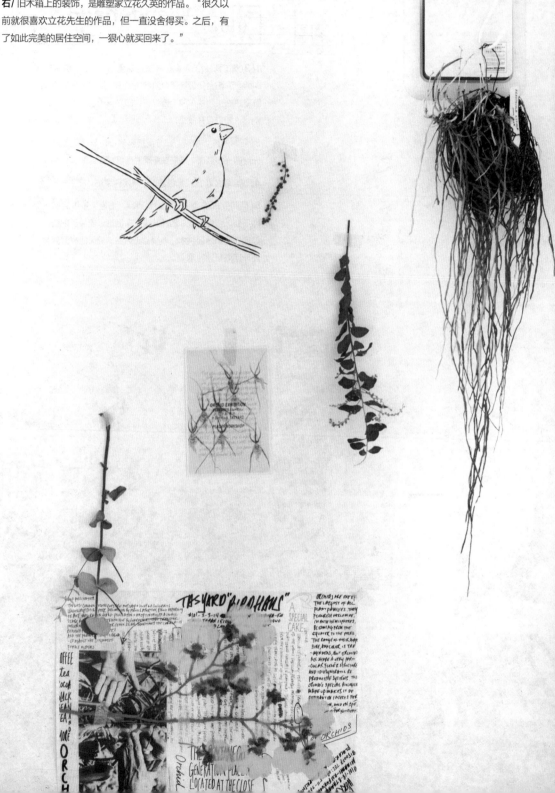

011

O宅 / 东京都涉谷区 / 30岁单身

充满感性气息
有内部露台的居家环境

Gallery & Cafe

翻新前

翻新后

建筑竣工年份	1974 年
使用面积	65.60 平方米
翻新竣工年份	2010 年
总工费	1400 万日元 （约合人民币 88.8 万元）

　　主人要求房子在可以骑车抵达新宿、涉谷的地段，且带有阳台。O先生当初看中的是京王线笹塚站附近的65平方米住宅，位于10层，但没有阳台。"不过，很多窗户我很喜欢，即使没有阳台，也能翻新出理想的效果，于是决定买下。"

　　业主的要求通过建造"内阳台"得以实现。在起居室的整个宽度方向搭建了铁框玻璃窗，窗边地面贴着瓷砖。感觉将室外空间移植到室内，让他们拥有了采光充裕的空间。"玻璃窗的设计用尽心思。因为想要无骨架感，定制时连铁框的颜色及宽度、玻璃切割方式都精心考虑。甚至制作了窗户的缩小模型，事先掌握成品感觉。"

　　内阳台除了单车，还有绿植、小摆设等装饰，令人视觉放松。此外，起居室中摆放着从各种商店淘来的旧家具，角落里是小摆设及艺术作品。"在这里住久了，渐渐养成各种装饰爱好，喜欢作家的作品等也成为收藏

品。（指向墙壁）这幅鸟主题的画是专业插画师 Noritake 直接手绘的作品。租住房子时绝对无法想象，真的赏心悦目。"精选的物品巧妙布置，仿佛置身于画廊。作品主要购自常去的书画商店，偶尔 O 先生也去画家的个展。以翻新住宅为据点，享受丰富美感的生活方式。"买下这里时考虑了将来可能出售或出租，但这里积累的回忆越来越多，我已经不舍得给别人住了！" O 先生说。

1/ 厨房设计得较紧凑，被白色墙壁包围。右侧带窗口的墙壁里是卧室，拥有同内阳台一样的铁框玻璃窗。

2/ 房间整体尽可能抑制颜色，只有厨房墙壁贴着灰色瓷砖。此外，精心设计了放置厨具的板架。

3/ 从陶艺家 YUMIKO IIHOSHI 的陶艺作品开始，建成了放置喜欢的杂物的一角。

4/ 利用木箱可改变高度变化，内阳台的植物展示也精心摆放。

011 Gallery&Cafe
充满感性气息

```
1 | 2
      3
```

1/ 面向玄关入口的是盥洗室（左侧）。"北欧旅行时游览了阿尔托的家宅，这个拉门就是模仿那里的设计，采用木质。"O先生说。天花板和起居室完全不同，贴着板材。

2/ 宽敞的玄关，地面和台阶铺着瓷砖。起居室入口没有安装门页，敞开式设计。视线贯穿至内阳台。

3/ "室内窗"沿线贴着瓷砖，延续到入口。这里还摆放着从吉祥寺的Roundabout及西荻窪的364买来的旧椅子。

餐厅的橱柜原本是香烟店的展示柜，
从 DEMODE 福中购得。从上到下，
整齐摆满喜欢的餐具。

012

Y宅 / 东京都杉并区 / 夫妻40岁·一个孩子

古早味物品与和风家具
糅合出昭和时代风味的住宅

Antique

焕发新生命的昭和旧式厨房。需要充分利用23平方米的面积，尽可能靠近墙壁设计。同样，餐桌也很狭长，从大阪的"铁架＋旧材研究所"定制。厨房右侧，木门后面是洗面台和浴室。

起居室和里面的儿童房用推拉门隔开，打开门便是整体相连的空间。推拉门是妻子淘来的古董家具，玻璃中带有菱形花纹。

翻新前

翻新后

116

Data

建筑竣工年份	1969 年
使用面积	85.00 平方米
翻新竣工年份	2011 年
总工费	1300 万日元
	（约合人民币 81.6 万元）

"这是不是木箱的盖子啊？"将从旧用品店买来的板作为糖果盘，平常则是餐桌装饰。

开裂或缺损的瓷碗，实施了金缮处理。"自己修理一定能够使用很长时间，所以开始学习这些技艺。"Y太太说。

　　"打算使用长久以来淘到的旧用品及旧家具创造居家空间。"以简明概念为主题，即将面临住宅翻新的Y夫妇说。"旧门我也很喜欢，门全部是我们自己搬运来的，安装工作就拜托了。"

　　80平方米以上，朝南，方形结构，视野好。卫生间带窗，尽可能带宽敞的阳台。连日以来，他们持续在房产网站上找寻至深夜，终于找到了满足条件的住宅，位于西荻窪。更凑巧的是，这里有广为人知的古董店商

012 **Antique**
古早味物品与和风家具

1 | 2 | 3

1/ 厨房墙壁中掏出的平面置物台，摆放着日式厨房用品、
自然材质工具等。

2/ 起居室一侧墙面，布置着旧木架及玻璃柜，方便收纳。
墙里面是工作间，墙面加入玻璃砖，用于增加采光及装饰。
"为了避免对简素日式风感到视觉疲劳，特意加入了现代
设计。"

3/ 盥洗室入口的门也是古董家具。内部空间较窄，所以左
侧增加了袖墙以调整。"这种非对称设计也充满生活气息。"

业街。现有的空间布局是三室一厅，最终沿用了这种布局。"除了起居室、餐厅及卫生间，还需要三个独立房间——卧室、儿童房、工作间。三间房围绕着起居室等，最方便使用。"但是，建筑年龄已有42年，房屋老化严重，管路等也是损伤严重，需要完全拆解替换。

"最考究的是厨房，按照旧民宅的灶台设计搭建。"Y夫妇说。混凝土的天花板简单处理，墙壁采用上釉不均匀的黑瓷砖。旧式的厨房用品，完美融合于怀旧现代的设计中。"我拥有的旧家具和用品，同新建住宅并不搭调。所以，尽力避免过于华丽的装饰。"并且，家具本身也包含故事，所以尽可能避开过分强调建筑本身。"刚完工时感觉空荡荡，但家具等物品搬进来之后，平衡的生活空间得以实现。"这里变成了一个昭和文化气息浓郁的怀旧住宅，满怀温馨的生活空间。

今年是在这里生活的第三年，在朋友的咖啡厅一角开设了"朱色堂akairodo古道具店"。此外，还将研究豆制品的朋友邀请来，开设烹饪教室，学习金缮，磨炼技能等。积极向上的生活方式，投影于旧家具及旧用品的共同居住空间中。

1/ 工作间一角置放的蜡烛是妻子的笔墨作品之一。"从以前参加的手工研讨会中获得灵感。不只是在纸张上，还在各种媒介中描绘创作。"

2/ 工作间的置物架上方，摆放着妻子喜爱的笔墨工具，这就是她的"心书"。"这是以绘画形式表现文字的作品。能够有一个这样的让人集中精神绘制的工作间，真让人开心。"

3/ 印在作品上的印章，落款有很多。

4/ 85平方米的宽敞空间，妻子的工作间（10平方米）得以实现。正面的玻璃窗也是古董家具，这扇窗户朝向玄关的窗户，两扇窗户打开，通风效果更佳。

1		4	
2	3	5	6

012

Antique
古早味物品与和风家具

1/ 盥洗间的内部装修统一为白色，洗面台同厨房天花板一样，采用水泥材质。墙壁安装旧木架，用于摆放毛巾等。住宅的各处都能看到旧物件的身影，这也是丫宅的乐趣所在。

2/ 卫生间贴着白色马赛克瓷砖，给人以简单且干净的印象。墙壁上的置物架是淘来的旧物件，用于装饰小物件，旁边挂架上的大毛巾用于擦手。

3/ "带窗的洗浴间"是选择住宅的重要条件。从洗浴间搭建台阶，设置成阳台，浸泡在浴盆中，观赏着外部的景色。"虽然不是无障碍设计，洗浴间也不是最舒适，但我们就是喜欢这样的效果。"

4/ 购买这间住宅的最大促进因素是有40平方米的宽敞阳台，绝佳的儿童游乐场。夏天放上充气泳池，孩子可以在里面嬉戏玩水。顶部还设置了遮阳棚，室外享用美食或品茶也很快乐。"阳台是公摊部分，向物业申请之后，改装成了木甲板。视野好，能够环视东京。"

5/ 6/ 起居室相邻的儿童房（10平方米）目前用作游乐室。整理绘本也使用旧木箱。

工作间内部的墙壁，孔板上摆放着各种颜色的线和工具。
"就这样摆放在眼前，创所欲时刻涌现。"妻子说。

013

U宅/东京都品川区/夫妻30岁

宛如手工教室般的工坊
唤醒更多创作灵感

Atelier

买下 85 平方米的公寓，得以设置备用室（5 平方米），可用于客厅、书房、将来的儿童房。"我最喜欢这个房间，还放了沙发床，方便午睡（笑）。"

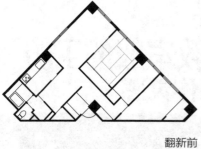

翻新前

翻新后

Data	
建筑竣工年份	1974 年
使用面积	85.77 平方米
翻新竣工年份	2013 年

　　一室一厅＋工作间。U夫妇的要求首先是实现理想的空间布局。妻子是在公司上班的礼品设计师，需要手工、绘图的工作间。"以前的公寓是50平方米的一室一厅，起居室作为工作间，所以这次想要独立的工作间。"U女士说。

　　以70平方米以上条件找寻二手公寓时，他们发现了这处特殊结构住宅。85平方米的宽敞空间，房屋结构呈三角形。建筑年龄也很久（39年），空间布局零散，是久未售出的房子。"三角形正好符合我的心意，翻新之后肯定能过变成整洁、趣味的家，所以将其买下。作为特殊结构住宅，价格方面也比较便宜。"

　　念念不忘的工作间正如所愿，采用了独特设计方案。在起居室中建造了小房间，将其作为工作间，感觉就像小学的手工教室。工作桌的前面和背面是墙壁，贴上方便摆放各种用品及工具的孔板，侧边是书架。木框的

玻璃窗也充满怀旧风情。"这里成为了工作灵感源源不绝的居住空间。"U女士说。理想的"创作小屋"得以实现。"在这个房间里可以专心沉浸于手工制作，墙壁上方是空的，保持适度开放。它对我来说，是心情放松，待多长时间都行的快乐空间。"U女士说。

此外，还有另一间小屋。板材状墙壁包围的卧室（第131页）犹如小屋中幸福蜗居。三角形空间中布置着工作间、卧室及两个小屋，其余便是起居室、厨房等。同起居室背靠背设置了书架，"这里就像图书馆，通过图书室走到手工教室。"通过翻新，三角形的特殊结构得以充分利用，成为独一无二的居住空间。在此居住半年，U女士的创意工作步入正途。

Atelier

013 宛如手工教室般的工坊

左/ 包住工作间（5平方米）的隔断墙，高度1.2米。"市售成品的架子是1.2米、1.5米及1.8米，我们建议设计成1.6米。"又有区隔又能连在一起的感觉，是恰到好处的高度。"设计师说。

右/ 背面墙壁也是书架，方便放置手工书或其他物品。

013 **Atelier**
宛如手工教室般的工坊

| | 1 | 2 | 4 |
| 3 | | |

1/ 南边是窗沿。右侧是卧室墙，正中间的推拉门是备用间入口。

2/ 4/ 这间住宅没有阳台。因此，设计师提出的方案是可以当作外部使用的内阳台。朝向南窗贴着瓷砖的空间，摆放了绿植盆栽后仿佛小庭院一般。朝向内阳台还有一间小屋，就是卧室（8平方米）。格纹玻璃的对开窗户，有利于采光及换气。"板墙本来打算涂白漆，但加工过程中看到木纹质感，就保留了原始状态。将来，还可以粉刷成自己喜欢的颜色，那样也很开心。"

3/ 起居室是特殊结构的25平方米空间。被书架和板墙包围的是工作间，天花板同起居室相连。

```
1 | 2
  |———
3 | 4
```

013 　　　**Atelier**
宛如手工教室般的工坊

1/ 白色墙壁的对面是厨房。餐桌椅从 PACIFIC FURNITURE SERVICE 购得。较多使用木制品的空间，冷硬感的材料同自然素材保持平衡。

2/ 3/ 水泥柱间设置了架子，开放收纳餐具等。如图 3 所示，这里是起居室的视野死角。削减了定制家具的成本，对平日繁忙的夫妻俩来说，方便取用的餐具收纳也更能节省时间。

4/ 厨房(8 平方米)是半开放型。正好看到脸部高度的隔断，同起居室区分开来。"灶台选用不锈钢材质，感觉就像餐馆的料理台。"

方台是孩子的游乐室，或者朋友们的聚会空间。贴着瓷砖的边缘表现出分界感。

014

N宅 / 东京都练马区 / 夫妻30岁·一个孩子

从生活空间瞬间置身工作场所
通过空间布局轻松切换

SOHO

业主拒绝地板，所以本打算使用软木砖，但业主也不满意，于是铺设了蓝色的地毯。窗前铺设石材，增添了内阳台。墙壁侧的固定式家具中，还有爱犬的方便空间。沙发是北欧风，带脚的结构给人舒适感，同鲜艳的地毯搭调。

翻新前

翻新后

Data

建筑竣工年份	1984 年
使用面积	80.30 平方米
翻新竣工年份	2013 年
总工费	1600 万日元

（约合人民币 100.5 万元）

　　结婚三年，一直住在出租公寓的 N 夫妇，打算在孩子上幼儿园或小学之前买下自己房子定居。转机便是设计工作室的单独推介会。"当初并未打算开始找房子，带着试听的心理去的。"通过推介会，N 夫妇知晓了这家设计工作室也涉及房产业务。"为了翻新成功，在掌握核心需求的前提下，工作室开始为我找寻所需的住宅。于是我们狠下心，包括翻新在内的一切需求都交给了他们。"此外，比起独户的木质结构住宅，混凝土结构的公寓更容易自由改变空间。"打算深切体会翻新的乐趣，所以相中了二手公寓。"N 夫妇说。

　　他们购买的是建筑年龄 29 年，面积 80 平方米，采光良好，视野佳的六层住宅。丈夫是自由插画设计师。进入玄关便是贴着瓷砖的简洁入口，再往里走是起居室门，转向左边是工作间的门。这是一个以入口为界，工作和生活被区分开的住宅。工作间距离起居室最远，确保了独立性。"早

餐吃完，带着走出起居室就开始'上班'的心情，来到我的工作间。工作和居住一体的空间，一拍即合的空间布局能够自由切换模式。"N先生说。

起居室、餐厅及厨房共计35平方米，其中还有方台。鲜艳的蓝色地面，搭配木质面板的厨房及北欧风家具，增加轻松氛围。单一风格的工作间（第143页）和内装及家具的颜色相互对应，表现出生活的张弛有度。"起居室的方台并不在我们预想内，但搭建的效果非常好。它成了孩子的游乐场，大人放松的地方，或者家人及朋友聚会聊天，我非常喜欢。"工作的时间，和家人一起的世界，在这80平方米的空间内巧妙构成了两个时间轴，实现了舒适的居住环境。

| 1 | 2 | 4 |
| 3 | | |

014	**SOHO**
	从生活空间瞬间置身工作场所

1/ 厨房是餐桌一体化的全开放式。灶台部分带转角，和水槽台之间扩大更多距离。夫妻俩一起烹饪时，互不干涉，方便处理。

2/ 工作间的入口边是小型的家庭阅读空间，长椅下方是收纳区。

3/ 方台部分考虑以后隔开两间儿童房，配置了照明及空调管路。矮桌和方格置物架，以后可以转用为学习桌和书架。

4/ 朝向起居室的浴室墙嵌入玻璃砖，方便浴室采光，且浴室照明打开也非常美观。

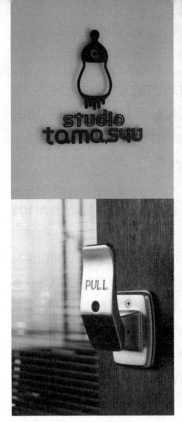

SOHO

014 从生活空间瞬间置身工作场所

1 / 2 / 3 / 4

1/ 玄关入口的工作间墙壁涂成草绿色，就像公司的办公室。墙壁上还固定着铁艺加工的公司LOGO。

2/ 工作间入口的门同一般的住家不一样，采用木框门。门把手使用杂志上手术室专用的款式。"这里充满职场的氛围。"

3/ 工作和私人的分区，玄关入口贴着米色瓷砖。正面靠里是起居室、餐厅及卫生间，转向左侧是工作间。

4/ 工作间（11平方米）。定制的工作桌，黑色墙壁是磁性喷涂。各种主题设计充斥着整个工作间。书架上还安装着饮料机，增添趣味。

起居室中的圆形书房（直径2.5米），有趣的"曲面小空间"。地面稍稍降低，铺上柔软的地毯。没有门和顶，缓和了压迫感及封闭感。

015

U宅 / 东京都涉谷区 / 夫妻40岁

圆形书房与艺术作品
仿佛置身美术馆

The Museum

翻新前

翻新后

small / medium / **large**

Data

建筑竣工年份	1978 年
使用面积	72.50 平方米
翻新竣工年份	2008 年

　　U夫妇在涉谷区内的公寓租住已有 10 年，打算在附近购买环境好的公寓。"增加了预算，但时机正好，准备买下时价格降了。"U夫妇不想改变住惯的生活圈。"不想放过这个好机会，于是下定决心买下。"

　　丈夫是在美术馆工作的艺人，妻子也毕业于美术大学。设计及艺术方面造诣极深的夫妻希望："并不拘泥于厅房的空间布局，打算创造连自己也无法想象的空间。"象征与此对应的回应就是起居室中搭建的书房。"家中变成了展厅，感觉像是布置着圆形、梯形、方形的雕刻。"除了书房建成圆柱形，还有包住卧室和步入式衣帽间的墙壁是倾斜的梯形，盥洗室的墙壁是方形，厨房的升高墙也是令人联想到雕刻的造型。而且，各处都摆放着艺术作品和喜欢的小摆设，如同置身于美术馆。圆形书房四周畅通环绕，内侧墙壁上展示着奈良美智的作品（第151·图 4）等奢侈的装饰品。"奈良先生的作品我有几件，这个家装修好以后，空间终于能够满足我将

015　The Museum
圆形书房与艺术作品

                    3

1/ 圆形书房的内部面积不到2平方米。书桌、书架整体制作而成，摆放着两把椅子。"有时也会熬夜写稿子，被包裹住的感觉很舒服，工作更集中。"U先生说。

2/ 起居室、厨房及餐厅，共45平方米。从圆形书房右侧的门进去，通向步入式衣帽间至卧室。包围这两间房的墙壁呈梯形，下端较宽。抛弃"房屋四方、墙壁垂直"的固有观念，形成崭新的空间构成。

3/ 圆形书房还兼具空间隔断的作用，四周可以畅通环绕。外部也有书架，坐在这里也能读书。

他的作品展示出来。"而且，玄关和阳台侧的墙壁上，还有通过光影变化的丰富表情作品（第151·图3、图5）。这是拜托现代美术家小河朋司亲自绘制的作品。

　　在欧美，这种由个人直接向艺术家邀约装饰自家住宅的艺术作品的形式被称为COMMISSION ART。日本很少见这种形式，但U宅可以说是一种标杆。艺术家的新潮思想和居住者的艺术灵感相互融合，建筑年龄30年的72平方米住宅变身成时尚的私人美术馆。

015 The Museum
圆形书房与艺术作品

1/ 餐桌旁边是横沟由纪的作品。事先预设展示作品的位置，并在天花板上使用射灯照明。夜晚，作品显得更加灵动。定制桌面内侧涂成紫色，犹如西装的衬里般精心设计。

2/ 嵌入起居室墙面（第149页）的电视边装饰架。中层的树脂制作品是横沟美由纪的作品。

3/ 5/ 这就是私人美术馆。翻新完成后，艺术家小河朋司亲自来到家里，创作出符合空间的作品。3在入口墙壁，5在起居室窗边的墙壁。光影变化的丰富表情，美在眼前。

4/ 环绕圆形书房，背面是奈良美智的作品。具有价值的作品藏在这里，令人惊喜。

The Museum
圆形书房与艺术作品

1/ 餐桌（近处）和灶台平齐相连，材料统一为白色人工大理石。厨房部分的地面建造较低，确保方便操作的高度。

2/ 厚15厘米，具有空间感的抬升墙内侧凿出壁龛空间，铺设黄色人工大理石。

3/ 起居室墙面收纳架中，整齐摆放着美术书籍和CD。电视两侧的装饰架，正对着射灯照明。

4/ 厨房和餐桌一体化。灶台和水槽台被雕刻般的抬升墙隐藏，抑制生活气息。开口状凿出的壁龛涂装成蓝色。

中间过道宽敞的厨房可以满足夫妻一起烹饪。
"加点儿花椰菜吗？"丈夫问。
"再把洋葱切了吧！"妻子说。
夫妻间你一言我一语，有时孩子也参与其中。

016

K宅 / 东京都涩谷区 / 夫妻40岁·一个小孩

喜爱烹饪, 喜爱美食
全家同乐的厨房生活

Cook & Dine

厨房的面板材料使用木薄片贴成。
简单且别致的设计中，热闹的开放
式厨房收纳增添了快乐气氛。近前
的餐桌是长达2米的定制品，能够
坐下8到10人。

耐用的不锈钢台面，烹饪过程便捷流畅。曾经在中国工作过一年的丈夫擅长享饪中国菜。早餐和孩子便当由丈夫做，晚饭则是妻子下厨。

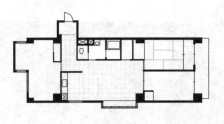

翻新前

翻新后

Data

建筑竣工年份	1971 年
使用面积	85.19 平方米
翻新竣工年份	2004 年
总工费	1330 万日元
	（约合人民币 84.5 万元）

打开玄关门，辛香料的香气扑鼻而来。进入房间，是令人惊叹的开放式大厨房。锅等烹饪工具、酒、杯子整齐排列，简直就是餐吧。"今晚有两家子的朋友要来。主菜是猪排，硬菜是西班牙海鲜饭。"

这里是东京的人气地段，建于代官山的怀旧公寓。K 夫妻购买的一层85 平方米住宅还要追溯到结婚时。"我娘家就在楼上，我们俩都工作，等以后有了孩子也方便照顾，所以找了附近的房子。"K 太太说。真是凑巧，娘家楼下有房出售。"不能错过这个好机会！于是我们立即买下了这间住宅，并委托翻新。"

"我们俩都喜欢烹饪，吃喝当然不在话下。所以，厨房是最考究的地方。"占据住宅中心的厨房，对面柜台长度 3.2 米。旁边，三口瓦斯炉排列的状态简直就是专业厨房。"开关门麻烦，所以收纳尽可能采用开放式。来家玩的朋友轻松自如，挑选着酒和酒杯。"

大学时代，K 夫妇俩都参加了体育社团。据说，家里经常有朋友来访。"10 至 20 人的朋友聚会也不足为奇。这里没有殷勤招待，大家一起享乐才是我们的风格。这间厨房最理想，喝酒聊天，我们还能一边烹饪。"厨房旁边的长桌能坐下很多人，是拜托咖啡厅定制的。厨房、餐厅相连的是开放式起居室（25 平方米），人多的时候整个家都是宴会场。"从刚住进去开始，来往的朋友越来越多。生了孩子以后不想在外面喝酒，所以尽可能把朋友们邀到家里。也是因为这样考虑，厨房为中心的家解决了我的最大需求。"K 太太说。

1
2 3 4 5

016

Cook & Dine
喜爱烹饪，喜爱美食

1/ 50 平方米左右的一室一厅，起居室的地面是地毯。"原本考虑安装地暖，但 20 多个朋友来的时候坐在地板上，瞬间变得暖和起来。"餐厅墙上贴着橄榄油厂商的海报。

2/ 烹饪的关键是对时间的把握，调味料的开放式收纳特别合理。

3/ 厨房背面的置物架不深。"需要什么取用方便。"摆放成列的酒中，还有朋友的寄存酒。

4/ 柜面柜台的宽度 90 厘米。餐桌侧设计了方便使用的门柜，收纳聚餐用的餐具。

5/ K 夫妇要求灶台火力强，且三口煤气灶排列式。"比普通灶台宽，必然选择安装在靠边的墙壁侧。"

Cook & Dine

016 喜爱烹饪，喜爱美食

```
1 ┤ 2
    3
```

1/ 起居室犹如接待间般的古典氛围。"冬天聚会时有的朋友还说大家一起出钱买个暖炉桌（笑）！"

2/ 放置于收纳柜台的木制品是俗称"PARAGON MINI"的扬声器。结婚前，这是丈夫的宝贝，定制家具的颜色也和这个扬声器搭调。

3/ 住进这里之后长子出生，三口之家一起生活。孩子也说："喜欢大家来我家。"

017

S宅 / 东京都八王子区 / 夫妻30岁·两个小孩

满是书架的房间
内心丰富的小小世界

Parallel World

圆形部分是住宅中心建造的起居室一体式厨房。设计成房子造型的书架对面是儿童房，分别被涂成黄色和绿色，根据颜色区分空间。

孩子活动区中，通过书架隔开双层床和带秋千的玩耍空间。

翻新前

翻新后

small / medium / **large**	Data	
建筑竣工年份	1974 年	
使用面积	85.98 平方米	
翻新竣工年份	2013 年	
总工费	1600 万日元	
	（约合人民币 100.8 万元）	

　　"想要定制的书架。"这是翻新时经常听到的要求，但 S 宅的书架并不拘泥于收纳用途。房间的隔断全是书架，并且是"或隐或现"的通透型。"没有单独房间，不放置沙发，也没有电视。而且，站在厨房中的我是全家的核心，这就是我们家的独特生活方式。"S 太太说。

　　S 夫妇是美术大学映象设计系的同级校友。丈夫是制片公司的导演，妻子是自由编剧。翻新的主题是三鹰市的天命翻转住宅，是美术家兼建筑家荒川修作和玛德琳·金共同设计的著名住宅，还可以短期租住，据说 S 一家住了一周。"这里的厨房是圆形，但意想不到的使用方便。我们完全被这种围绕着圆形厨房的生活方式所吸引，所以结合这间住宅设计成马蹄形。"

　　并且，S 宅的设计主题是"自然和身体互动之家"。起居室、儿童房、书房，这三个总共不到 70 平方米的空间被书架缓和分开且相互联系，空间获得悠然自得。"想要走来走去，所以构思出这样的家。没有沙发和电

从儿童房看向起居室。书架缓和分开两个空间，且相互联系。根据位置而产生"或隐或现"的感觉，形成视觉乐趣。

视机，也是为了避免在一处久坐。"

此外，就像是"平行世界"般，这个空间中存在多种世界观的空间设计。"无论家里何处都能给人多种空间感受，且各功能区的主题色不同。这种风格中，视觉享受也是目的之一。"搬来新居只有几个月，S夫妇却早已感觉居住舒适。"和家人一起真的很快乐，都不想去上班了（笑）。如果以后遇到考虑脱手或资产价值而不做翻新的人，我会将我体会到的快乐和生活方式传递给他。"S先生说。

卧室装修成紫色，入口旁边摆放着家人的照片。

017 Parallel World
满是书架的房间

1
| 2 |
| 3 |
| 4 | 5 |

1/ "马蹄形厨房"，一家人都能聚在这里。箱子形状的椅子带有脚轮。"孩子们会把椅子当火车玩。"妻子说。"自由利用空间，尽可能不使用固定或难以移动的物体。"丈夫说。

2/ "马蹄"的两端分别是水槽和灶台。只有厨房部分的地板组合贴瓷砖，更具空间感。

3/4/ 书架为界，厨房旁边就是书房。以前在私房菜馆工作的妻子，希望新家的书房也能有私房菜馆风："在这里最能集中精神。"墙壁涂成胭脂红色，迪士尼的椅子和桌子再现眼前。

5/ 起居室看向书房。"孩子们好像认为这是不可以随意闯进来的地方，所以我在工作中不会被打扰。"通透的书架发挥着隔断作用，家人互相注视，令人安心。

017 **Parallel World**
满是书架的房间

1/ 窗边建造了水泥地面的内阳台，位于东南角。

2/ 通透的书架，每格的尺寸各异。就像公园的攀登梯，孩子们发现意想不到的游乐方式。

3/ 起居室的爬杆。"简单说就是孩子的游乐场，还能唤起孩子们的运动意识。"S先生说。起居室天花板也安装了几处吊钩，能轻松支起吊床等。S宅舍弃休憩场所必有的沙发，而是在方便位置摆放大型软垫。

理 想 的 家　small / medium / large

PART 2　一个家的性格

一个家的性格，也就是一个房子区别于其他房子的地方，源于
屋主人的性格，源于他钟爱的生活方式，他心中理想的家的模样。

018

A宅 / 神奈川县横滨市 / 夫妻20多岁

20多岁夫妻
浪漫生活的轻松住宅

翻新前 翻新后

small / medium / large	Data

建筑竣工年份	1971 年
使用面积	55.91 平方米
翻新竣工年份	2006 年
总工费	770 万日元
	(约合人民币 48.5 万元)

　　夫妻俩 20 多岁结婚。以翻新为前提，购买了建筑年龄 35 年的 55 平方米住宅。他们没有具体设计要求，只是提出了抽象概念："设计方面不需要太精细，想要令人感觉轻松的房子。"符合这种感觉的便是餐厅的天花板和带灶台长桌。天花板尽可能取高，甚至露出钢筋结构。餐桌使用旧材料，无骨架的设计。这一切象征着年轻伴侣的轻松生活。空间布局是一室一厅，北侧玄关至南侧开口被整间房占据。光线能够进入房间的最里侧，舒适惬意。外阳台的对面还有内阳台，摇摆的吊床令人放松。"海外旅行时，很喜欢住墨西哥酒店。所以，卧室墙壁也嵌入类似风格的铁栅栏。"

018

浪漫生活的轻松住宅

左 / 被铁栅栏和布帘包住的是卧室空间，窗边的内阳台挂着吊床。

右 / 带烧烤网格的煤气灶边，能够望见明亮房间的全貌。

019

Y宅 / 东京都涉谷区 / 30岁单身

连接起居室和露台
打造绝佳景观的"房间"

入口至起居室的通道两侧是步入式衣帽间，还有卧室及盥洗室。通过挂帘隔断，轻松方便。

这是起居室最常用的位置，沙发周围放着喜爱的书籍和艺术品，打造令人心灵放松的空间。

翻新前

翻新后

small / medium / large

Data

建筑竣工年份	1970 年
使用面积	47.52 平方米
翻新竣工年份	2008 年

40平方米的阳台整面是木甲板。同起居室找平成一体化，
实现了66平方米的居室。"假期的夜晚，坐在长椅上眺
望远方，东京真美。"

"找房子时来到这间住宅的阳台，由心而发我想住在这里。新宿、涉谷、六本木、东京塔的街道，一望无垠。"建筑年龄43年的47平方米住宅，还带阳台。所以，翻新的主题是"如何利用阳台"。结果，就有了"阳台和起居室相互融合"的想法。室内至阳台平整铺设地板，感觉房间顺其自然延续至室外。不能破坏的承重墙正适合放置电视机等。起居室25平方米，阳台40平方米，共计66平方米的"大房间"得以实现，置身于长椅，轻松眺望夜景。城市的公寓生活中无法体会的完美时刻，就在眼前。"每月只需支付之前与房租相当的贷款额，居然能够在开放式空间居住。翻新之后感觉真好。"

厨房旁边采光较好处放置了电脑等，这里是工作间。

020

M宅 / 东京都目黑区 / 夫妻30岁

不论工作或生活
绝对单车主义

水泥地和餐厅构成一体的空间。从玄关相连的水泥通道在房间中央展开，用以吊起存放自行车。

small / medium / large	Data	
建筑竣工年份	1974 年	
使用面积	59.67 平方米	
翻新竣工年份	2008 年	
总工费	850 万日元	
	（约合人民币 53.5 万元）	

　　这个房子的主人是非常喜欢自行车，两人均在邮政公司上班的 M 夫妻。他们生活的中心是自行车，两人拥有三辆公路自行车，房间里随处可见车架、零件及工具等自行车相关物品。"喜爱自行车，不仅把它作为骑行工具，还想如同藏品一般放在房间里。从天花板吊起是自行车商店常用的方法，我家居然也能实现。"M 先生说。住宅位于一楼，阳台旁是 36 平方米的庭院。"我们先买的房子，然后考虑如何翻新。正巧参加了设计工作室的推介会，即便自己难以形成构思方向，同专业设计师交流中也能形成满足自己心意的住宅。"M 先生说。从关键词"自行车"引出的 M 夫妻的个人色彩充分反映于住宅中。

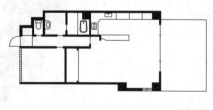

翻新前　　　　　　　　　　　　　　　翻新后

<table>
<tr><td colspan="2">1</td></tr>
<tr><td>2</td><td>3</td></tr>
</table>

1	
2	3

020

绝对单车主义

1/ 水泥地和餐厅构成一体的空间。与玄关相连的水泥通道在房间中央展开，用以吊起存放自行车。

2/ 水泥地中设置的工作间兼停车空间，宽度能够充分确保自行车维修保养。

3/ 紧凑的厨房是对面式。台面是瓷砖，墙壁是磁性黑板涂料，还有鲜艳的绿植点缀。

收纳架的一部分空开，是卧室的入口。电视的背面是步入式衣帽间。

021

N宅 / 东京都港区 / 40岁单身

挑高天井，整面书墙
让人想居住的环境

Data	
建筑竣工年份	1978 年
使用面积	49.00 平方米
翻新竣工年份	2007 年

住宅中央立起的收纳架，还是宽敞起居室、卧室及厨房的隔断。嵌入玻璃砖的墙壁里面是洗浴室。

让人想居住的环境

```
1  3
2
```

1/ 2/ 卫浴部分极其讲究，许多设备是主人亲自从香港购得的。

3/ 采光好的窗边，设置了餐厅及厨房。紧凑，但动线距离短，方便使用。窗边摆放着餐桌，可以边远望市中心的风景边品尝美食。

因公因私，N先生去国外较多，平常也喜欢观赏电影或去美术馆。他的生活以城市为据点，充满活力。购买的住宅位于港区内，是建筑年龄29年的49平方米住宅。设计师现场确认时，发现拆解后的天花板高度会达到2.8米。对于想要整面墙都是书架的N先生来说，天花板高的空间是个惊喜。

49平方米整体露出混凝土的天花板结构，起居室设计了书架墙，背面是卧室。厨房及餐厅在窗边紧凑构成"半间房"结构。"以前在伦敦的时尚酒店住过，感觉很舒适。"N先生说。所以，房间设计中加入了相似概念。可以一边远望市中心的风景，一边享受美食或饮茶，美妙的时光唾手可得。"能够住上自己喜欢的房子真幸福！连在外面泡吧的时间也有所减少，家就应该这样舒适。"N先生说。

翻新前　　　　　　　　　　　　　　　　翻新后

接待室开始延伸的红木台面末端是煤气灶，水槽则是岛式。宽大的台面设计，在各种聚会时能派上大用场。

022

S宅 / 东京都港区 / 夫妻50岁

红木风格吸引眼球
属于成熟人士的高品味空间

small / medium / large

Data

建筑竣工年份	1964 年
使用面积	50.46 平方米
翻新竣工年份	2007 年
总工费	1100 万日元
	（约合人民币 69.4 万元）

INGO MAURER 品牌的吊灯"Zettel'z"
仿佛在房屋中央舞动，使环境变得柔和。

　　"想要营造出帆船主题空间。"这是 S 夫妇的要求。丈夫的兴趣是帆船，湘南·江之岛的港口停放着他的帆船，每逢周末都会出海游玩。"这是一艘木制的帆船小艇。"材料使用桃花心木，具有优美光泽的高级木材。设计工作室提出"通过收纳家具表现帆船印象"的方案，S 夫妇也非常赞成。

　　进入玄关便是接待室，正面墙壁是宽至两端的台面置物架，红木制作而成。电视柜、桌子、收纳柜等，各种用途集约于置物架。进入起居室，置物架变成厨房。天花板使用 INGO MAURER 品牌的吊灯，实现了高品质的成熟格调空间。

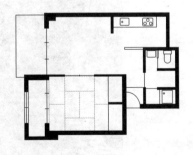

翻新前

翻新后

022 属于成熟人士的高品味空间

左/ 东南角同起居室相连，建造成壁龛状的私密空间，作为卧室。

右/ 接待室取代了入口，摆放着各种享受日常生活的喜爱物品。

023

T宅 / 东京都中央区 / 夫妻30岁

兼具隔板功能的收纳柜
区分生活空间

房屋一角的卧室，通过装饰架同起居室部分缓和划分。

干湿分离的洗浴空间，彩砖搭配出东洋风情。浴盆另外配置，淋浴或泡澡可任意享受。

浴盆和卧室之间设计了步入式衣帽间。拱形入口仿佛进入异度空间，在这里考虑服饰搭配也是一种乐趣。

Data

建筑竣工年份	1976 年
使用面积	54.45 平方米
翻新竣工年份	2011 年
总工费	1300 万日元 （约合人民币 82 万元）

丈夫喜欢美景，妻子希望有观赏夕阳的场所。于是，他们购买了流经隔田河的公寓10楼，面积55平方米。"我们搭建了大容量的置物架，没有成品家具的生活最为理想。"空间的正中央是房梁，下方设计成收纳架。带阳台的斜侧作为起居室，可以在榻榻米台面上吃东西、放松。里面靠东是盥洗室，还有步入式衣帽间、卧室。通过置物架划分生活空间，形成动态积极的生活引导结构。"平常只是淋浴洗澡。"所以不使用日本常见的浴盆，而是订购了淋浴间。彩色瓷砖营造出东洋风格的轻松氛围。"随意任性的设计要求随处可见，想要的空间完全呈现。厨房的视线好，烹饪时也开心。朋友来时聚在厨房柜台边，很热闹。"

翻新前

翻新后

区分生活空间

左/ 窗起居室空间设置成高台,铺上榻榻米,在这里坐着吃饭。

右/ 朝向玄关设置的开放式厨房靠近窗边,采光效果好。背面的置物架区分为公用和私人用。背板设置小窗,是浴室的观景窗。置物架今后打算放置书籍及摆设。

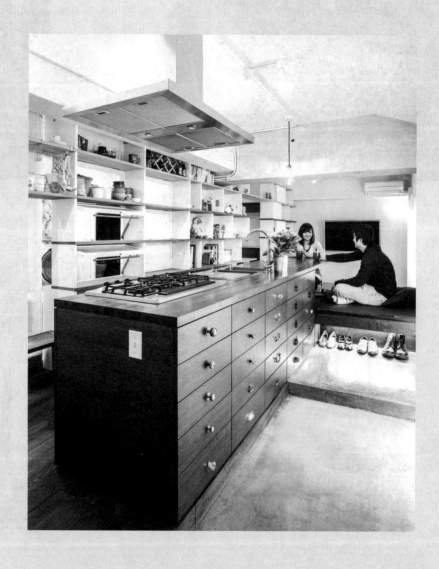

工作间、餐厅、起居室、卧室，通过家具缓和分区。本打算卧室采用独立房间，但最后通过百叶窗加以分区。

024

K宅 / 东京都涩谷区 / 夫妻30岁

东京都中心的小屋
闹中取静的安逸住宅

外装中常用的拼贴板用于室内，按照这种感觉将自然氛围移植到室内。地板采用仿古风格的栎木，节眼并不多，不至于太过乡村风，且略显原始感。

small / medium / large

脚手架板拼贴而成的小屋墙壁中，嵌入了带有怀旧感的玻璃小窗，打开窗户就是厨房。

翻新前

翻新后

Data

建筑竣工年份	1970 年
使用面积	59.59 平方米
翻新竣工年份	2010 年
总工费	1000 万日元 （约合人民币 63 万元）

厨房选择方便维修的不锈钢材质。空间较紧凑，但收纳空间充分，功能多样。灶台的下方是烤箱，还设计了放置碗和盘的架子。

从涉谷站步行 10 分钟左右就能到达 K 宅，代官山也在步行可及范围内。在这样的地段建成的公寓，建筑年龄 40 年。这间房子是 59 平方米的紧凑户型，但位于一层，带有独立庭院。K 夫妇说："面积和价格在预算范围内。这么方便的地段居然有如此安静的环境，光照条件也好，真是很满意。"设计师打算在市中心黄金地段建造轻松居住空间。而且，房屋的一角还搭建了小屋。用脚手架板拼贴一起，并随意涂装的加工方式，有助于在室内营造出大自然的气息。这间屋中囊括了厨房、浴室，封闭式的厨房更具有独立性，在接近全开放的空间中创造出完全不同的舒适感。丈夫说："在起居室赏电影很开心！"妻子说："有开放感，居住舒适，都不想外出了。"

025

T宅 / 东京都杉并区 / 夫妻40岁

不用墙壁做隔断，活用地板打造宛如广场般的和缓空间

房屋中央设计了兼用隔断的收纳空间。

Data

建筑竣工年份	1971 年
使用面积	68.8 平方米
翻新竣工年份	2008 年

　　结婚迎来第三个年头，开始考虑购买自己住宅的 T 夫妇买下了建筑年龄 37 年的公寓，因为喜欢这里 20 世纪 70 年代的怀旧外观。他们翻新了两室一厅的户型，旧貌换新颜，变成符合自己生活的居住空间。原有的隔断墙和内部装修完全拆解，房屋中央设置了兼用隔断的收纳家具，周围布置着所需空间。厨房、卫生间、榻榻米空间、步入式衣帽间、内阳台的高度各不相同，容纳于不足 70 平方米的空间内。设计师说："尽可能减少隔断，通过设计高低差，保留单一空间的宽松感，创造出生活空间。"妻子喜欢电影《海鸥食堂》厨房餐厅的概念。"做家务也很开心，工作忙碌的丈夫可以在方台上小酌或看着电视放松心情。"

翻新前

翻新后

2
1	3

025

宛如广场般的和缓空间

1/ 内阳台是玄关的延长，也是自由空间的延长。

2/ 贴瓷砖的浴室用咖啡色的横条瓷砖点缀。

3/ 灵感源于电影《海鸥食堂》的厨房，采用开放式收纳。
不锈钢橱柜下方的收纳是可动式，聚会时可作为边柜使用。

026

J宅 / 东京都世田谷区 / 50岁单身

在心仪已久的暖炉旁
享受阅读的喜悦

原有的空间布局是窗边排列着三间房。通过墙壁隔断，视野差，所以除承重墙以外全部拆除，形成厨房、起居室、卧室为一体的开放式空间。厨房紧凑，且倾斜布局。与此配合，搭建了三角形的柜台，缓和划分空间。

small / medium / large

Data

建筑竣工年份	1970 年
使用面积	67.48 平方米
翻新竣工年份	2009 年
总工费	1000 万日元 （约合人民币 63 万元）

　　J 先生喜欢老式家具等带有怀旧感的物品。之前 J 先生住在建筑年龄 60 年的单间住宅，因老旧严重而必须搬走，于是就在附近找新居。那时，偶然相遇的便是如今的住宅。三面带窗，位于比周围稍高的区域，视野范围好。空间布局特殊，但感觉经过翻新之后会成为优质住宅。J 先生的要求是必须有收纳大部头书籍的书房，还有起居室必须设置暖炉。于是，玄关空间设计较大，整个墙面设计了高至天花板的书架，可以存放 3000 册书籍。另外，承重墙以外全部拆除，构成宽敞的起居室与卧室，还设置了业主特别嘱咐的暖炉。"尽情享受房间里看着火光的悠闲生活，在普通公寓中也能实现。晃动的火苗可以让人身心轻松。"

翻新前

翻新后

027

T宅 / 东京都目黑区 / 40岁单身

将老屋翻新成酒店风格
能够安然入眠的玻璃卧室

与卧室相连的淋浴间和浴缸。
呈L字形布置，避免空间浪费。

small / **medium** / large

Data

建筑竣工年份	1963 年
使用面积	67.71 平方米
翻新竣工年份	2012 年
总工费	1450 万日元
	（约合人民币 91.3 万元）

开放式的并列型厨房，以及由专业设计师松冈智之亲自设计的餐桌。

被玻璃包住的卧室显得紧凑，却不乏开放感。用于隔断的玻璃具有一定厚度，隔音效果佳。窗帘选择柔软的亚麻，映入玻璃之中，营造出柔和氛围。

翻新前

翻新后

喜欢酒店，在国内外许多酒店居住过T先生提出了"想要酒店蜜月套房般的住宅空间"的主题。以通勤时间30分钟以内为条件，最终找到的住宅是建成于1963年的旧式公寓。住宅购入时，T先生曾提出将单间、隔断改造成玻璃的方案，但最终使用玻璃隔断卧室。视觉上呈现宽敞的单间，外部风景一览无遗，且隔音效果良好。卧室狭窄却不乏开放感，安静、舒适，利于入眠。"旧宅翻新之前总在公司加班很晚，现在很早便回家了。自己也很意外，居然会对烹饪感兴趣。邀上一帮朋友，在家聚会也很开心。"

进入玄关，首先映入眼前的是玻璃墙，视线可以贯穿里面的起居室及外部风景。

028

T宅 / 东京都丰岛区 / 50岁单身

如同图书馆般
静谧柔和的空间

与普通一居室截然不同，有点儿禁欲主义意味的空间。
仿如修道者的T先生，每周认真清扫两次房间。占据
中央的2.4米大桌上，丝毫没有厨房或生活的气息。
厨房上端是具有一定横宽的开放式置物架，房屋各处
井井有条。

Data	
建筑竣工年份	1995 年
使用面积	65.72 平方米
翻新竣工年份	2013 年
总工费	1300 万日元 （约合人民币 81.9 万元）

下定决心翻新房屋的大学教授 T 说："我想要建造以书架为核心的独特居住环境。"步行至 JR 池袋站仅需 8 分钟的便利地段，T 宅是同喧闹街道隔绝的世外桃源。跨入一步，立刻就被寂静的氛围环绕。墙壁一面装满各种书籍的空间，与其说是住宅，不如说更像图书馆。这也是业主本人设想的修道院式空间。T 先生要求："请为我搭建精神升华的空间。"卧室、浴室等生活空间尽可能控制，并布置于中央，周围被回廊般的书房、起居室所包围。书架中收藏约 3000 册书籍，全长达到 15 米。"自从住进这里，我的生活方式产生了巨大变化。书籍近在咫尺，任何时候都能工作。研究时间变得更加充裕、放松。"假日时，伴着音乐，悠闲地做家务。

翻新前

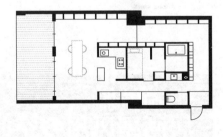

翻新后

029

包围矮桌的小平台榻榻米空间约15平方米，饱餐之后可以就地躺下。准备、吃喝、睡（另有卧室），这里好像一系列动作就像传送带般高效有序的私人居酒屋。F夫妇经常邀请许多朋友一起喝酒，朋友们也很喜欢这样的空间。

F宅 / 神奈川县川崎市 / 夫妻30岁

想躺就躺
居酒屋风用餐空间

small / medium / **large**

Data

建筑竣工年份	1982 年
使用面积	70.44 平方米
翻新竣工年份	2007 年
总工费	1030 万日元 （约合人民币 64.9 万元）

　　"在家放松喝酒的时间最喜欢，最开心。所以，住宅中需要居酒屋般的榻榻米空间。" F 夫妻均为上班族，7 年前买下了建筑年龄 25 年的 70 平方米旧公寓，进行翻新改造。于是，设计了念念不忘的榻榻米空间的住宅得以实现。房屋是没有隔断的大单间结构，起居室旁边呈直线配备着厨房、桌椅、榻榻米空间。榻榻米构成一个小平台，搭建于墙壁的书架中摆放着各种各样的酒瓶。另外，妻子最在乎的是居酒屋空间相邻的浴室必须带有窗户。"房子的东西两个方向带窗户，浴室如果也有窗户，就能设计出通风及采光的效果。" 浴室靠近起居室侧设有开口，连接盥洗室、卧室的入口也设置了玻璃门，舒适的通透感一直延续到卧室。"浴室的窗户一直打开着，一边洗澡一边看电视。" F 先生说。

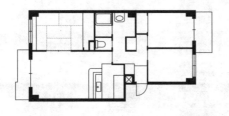

翻新前

翻新后

030

S宅 / 东京都板桥区 / 夫妻40岁·两个孩子

环境令人心动的住宅小区
空间伴随岁月共同成长

蔚蓝的天空和宽阔的草坪，东京这种特殊城市中的住宅
小区居然存在如此可望不可求的环境。

Data

建筑竣工年份	1973 年
使用面积	78.00 平方米
翻新竣工年份	2005 年
总工费	1200 万日元 （约合人民币 75.6 万元）

"环境优美"是集合住宅小区的魅力所在。建筑物间隔宽，道路整洁，还有植物丰富的公园。S夫妇运气不错，入手了没有电梯的多层栋的一楼住宅。最想要的是"一家四口的宽敞生活空间"。因此，保留承重墙，其他解体或取消。卧室以外空间集中于起居室，置物架隔开的单间是儿童房。儿童时期便是两个孩子的游乐场所，随着孩子长大可以设置更多置物架，

增加私密性。而且，他们计划将来隔出两间儿童房。"孩子们也很喜欢，起居室空间宽敞，也不缺舒适感。阳台前是草坪，南北通风，夏天没有空调也很凉快。公寓翻新真是最佳选择。"

明亮宽敞的起居室和儿童空间（右侧）通过高 92 厘米的置物架缓和隔断，从厨房便能一眼看清。

翻新前

翻新后

厨房背面是用旧木料做的蓝色墙面，唤
起住宅整体的明亮感及怀旧感。

031

S宅/琦玉县川越市/夫妻30岁

从"美国旧式警局"
所得到的灵感

走下厨房的台阶，便是铺设瓷砖的起居室，是空置较多的宽敞空
间。玻璃门后面的小客厅今后打算用作儿童房。

Data

建筑竣工年份	1978 年
使用面积	73.59 平方米
翻新竣工年份	2010 年
总工费	1170 万日元
	（约合人民币 73.6 万元）

恰逢结婚，在公司附近的川越地区购得新居的S夫妇。他们学生时代偶然接触过旧宅翻新的介绍，不用重建也能实现全新的装修效果，因而决定采用翻新设计。最初交流时，S夫妇开口便说："想要美国旧式警局风格。"从中获得的灵感是有铁窗的中古大楼，地面铺上地毯。植入"20 世纪 60 年代美国电影中出现的办公室"的设计要素，统一住宅整体风格。蓝色的墙壁，是为了最有效承托出棕色木制的美感。"厨房旁边设计了简单的用餐空间，但我很喜欢这种美式餐车的感觉。"S先生说。浴室和卧室通过步入式衣帽间衔接，生活动线也被考虑在内。这里也是妻子感到自豪的空间："布局合理，做家务也会轻松、开心。"

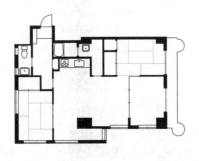

翻新前

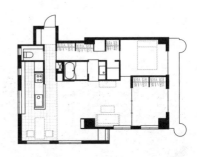

翻新后

032

M宅 / 东京都目黑区 / 夫妻40岁·两个孩子

在太空船一样的房间里
编织梦想

进入玄关，太空舱般弧线墙壁映入眼前。来
访客人都会感到惊讶，里面是儿童房。

走廊位于窗边，好似庭院的回廊。
窗边采光透过走廊，显得更加宽敞。

Data

建筑竣工年份	1978 年
使用面积	93.23 平方米
翻新竣工年份	2011 年
总工费	1700 万日元 （约合人民币107万元）

　　M 夫妇有两个孩子，住在建筑年龄 29 年的 93 平方米公寓。他们摆脱了租房生活，购买新居。小女儿即将入学，在这之前 M 夫妇打算让两个孩子分开单间住。翻新时，M 夫妇最关心的是儿童房。"家人共度时光最宝贵。但是，拥有自己的房间，读书、绘画或开心入梦的时间也必不可少。"于是，便设计出这样的儿童房。进入玄关，墙壁呈弧线的圆形房间，感觉像是太空舱，里面隔开成姐妹俩各自的单间。自由想象的空间设计，学习、绘画、休息等充分享受独处时光。朋友来时无不对这样的设计感到惊叹，姐妹俩也为此感到骄傲。

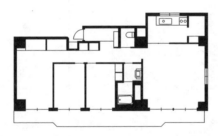

翻新前

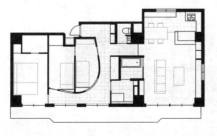

翻新后

玻璃墙壁一分为二的办公室般开放空间，面积约70平方米。运用厚重的门将卧室和起居室隔开，但玻璃墙的卧室侧准备了帘子，能够保证完全私密的卧室空间。地面使用 NBA 篮球场专用地板。

033

A宅 / 东京都港区 / 夫妻

带木质大门的玻璃墙
区隔卧室

small / medium / **large**

Data

建筑竣工年份	1972 年
使用面积	94.22 平方米
翻新竣工年份	2009 年
总工费	1400 万日元
	（约合人民币 88.1 万元）

　　长期在海外生活的 A 夫妇，即使房屋外部显得陈旧，也想要通过材料质感表现出个性的生活空间，于是翻新建造新居。夫妇俩的设想是阁楼般的家，在一个空间中包含多种要素。

　　"空间布局为了尽可能保证采光，希望没有墙壁或隔断等结构。" A 太太说。所以，最为困扰的是卧室和起居室的隔断。夫妻俩想要空间的整体感和卧室的安静感，设计师提出"玻璃隔断和具有存在感的大门"的大胆设计。当初夫妇俩也很抗拒这种卧室一目了然的感觉，耐心讲解后才被接受。如今，妻子说："这里我最喜欢，看电影、上网，做什么都很开心。"在一天的光影变化中，享受生活。

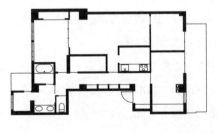

翻新前

翻新后

如何让令人困扰的"空间布局"变得暖心

大多数人认为："住宅设计就是空间布局。"所谓的"空间布局"是一种极其繁琐且危险的存在。如果没有掌握与其沟通的方法，你生活中珍贵的东西不知不觉就会被夺走。但是，与其沟通的过程，也是踏足于未知境地。这就是"空间布局"。

在日本，将榻榻米以一定格局布置，并用墙壁、隔扇、拉门等隔断，构成的整体就是空间布局。而且，以榻榻米数量计算房间面积的习惯保留至今。

随着人口的增长和现代化发展，为住宅小区发明的空间布局体系，在之后的公寓大量供给时代进化成"几居室"体系。区分"用餐、睡眠、休闲"，通过设计单间以获得私密性的生活。约半个世纪之后的今天，这种"几居室"的住宅布局仍然是主流。

已存在的"几居室"布局在很多方面的便利性确实无法比拟。不只是居住的方便，建造、销售方面，从市场调查、设计到广告宣传都很容易控制。生产这种通用型的住宅，很容易构成非常完善的居住体系。

但是，事实上也付出了较大代价。其中之一必然是"住宅布局＝几居室"，思考"生活方式"的机会变得少了。其次，"标准化→大量生产"的方式看似有效率，但实际居住的效果可能浪费部分空间。这就如同一件无论多么高档的服饰，尺码稍有差异也会让人感到不舒服。

人的生活异常复杂，早上起来是什么心情？烹饪、用餐的意义何在？孩子需要在什么环境中学习？想之不尽的复杂。

　　诚然，"几居室"这种布局给我们带来许多温馨感，"睡觉在卧室""一家人聚在起居室""一个人沐浴"。而且，空间功能也被面积限定，例如卧室10平方米，起居室16平方米等。确实，这样做不会招致很多不满。不过，想法多的人也会提出很多疑问："这里虽然是我的家，但我的意义在哪里？"或许，不知不觉便被生活淹没，屈服于"已有空间布局"形成的生活方式。

　　我们来试着思考"烹饪"。有人认为厨房是用于烹饪的"设备"，也有人认为厨房是家庭的核心。还有的人不需要大厨房，更需要能够满足10人活动的起居室。如果试着结合生活场景来思考生活环境，那么目前为止开发商给我们创造的住宅印象就会完全崩塌。

　　好不容易购买的住宅，当然需要满足自己的生活方式（空间布局），而不只是居住。正因如此，购买住宅时还有另一种选择——"翻新"。通常，人们认为住宅的空间布局变更受到很多制约。但是，改造成"框架"（现有装修完全拆除，完全空置状态），正如本书中所介绍的示例，你完全可以自由创造适合自己的空间布局。

别放弃"梦想的居住地"

对你来说，"家"的范围延伸到何处？

邻居、窗边看到的风景、商业街、车站、景观树、附近的河流、公园等。街区同我们每天的生活紧密关联。所以，街区也是"家"的一部分。

每年，房屋租赁市场都会发布"最想居住街区排名"。实际租房时，将"这个街区我很喜欢"作为最重要理由的人也不在少数。那么，"购买住宅"时又如何呢？大多数情况下，如果考虑价格则难以实现"在喜欢的街区买房"。

购买或租借，判断基准理应不同。即便如此，如果将视角转向翻新，其自由度就会完全展开。随着二手住宅的增加，这类房产的多样性也给了我们更多的选择。

例如，想在涉谷区神宫前买房，车站有表参道、原宿或明治神宫前。周围汇集各种名牌商店，后街也有一些新颖的自选商店、美容院，人气鼎盛。当然，这里的住宅价格也相当高，60~70平方米的新建公寓约一亿日元（约合人民币629万元），贷款的话每月相当于30万日元（约合人民币1.9万元）。所以，很多人将目光转向二手住宅，4000万日元（约合人民币251.6万元）左右的也不在少数。加上1000万日元（约合人民币63万元）左右翻新费用，相同面积、相同周边环境的住宅仅需一半费用。

或许，有人会认为："再怎么说也是旧房子！"但是，不要忘记，在市中心买房也是一种固定资产投资。据说，住宅购入后资产价值立即降低，20 年减半，30 年剩下四成，但之后便得以稳定。买入旧宅翻新也不会降低原有价值，再次出售时也能减少损失。

　　但是，必须记住抗震性能会因建成年代而异。新耐震标准启用之后（建筑年龄 30 年以内，大致 1983 年之后建成），地震损害性减小。依据阪神淡路地震的受害调查，这种差异也很明显。在日本，市中心的旧耐震标准房产还有很多，为了实现价格和耐震性的平衡，将关注重点集中于 20 世纪 80 年代中期之后进入开发鼎盛时期的地段。近年来，耐震性强也成为住宅考虑因素之一，居民有意识的实现安全也很重要。

　　东京都的地铁车站数量达到 930 处，加上首都三县（千叶、埼玉、神奈川）共有 2034 处。当然，带有车站选择倾向、住宅品牌印象的人也不在少数。街区中居住的人群、站前店铺、文化、氛围、时间流，各种街区都具备自己的个性。下班后，轻松小酌的酒家，习惯去的咖啡店，爱犬一起散步的公园，适合慢跑的运动场等。"在想要居住的街区购买住宅"或许才是理想的方式。翻新不仅能够选择合适住宅，还能选择喜欢的街区。

什么样的房子是理想的家？把你对生活的爱与理解融入设计的房子，也许就是理想的家。如果你热爱旅行，如何用你从世界各地带回来的“战利品”打造你的家？如果你热爱美食与厨房，如何设计一个充满人间烟火味的家？如果你爱淘各种小玩意儿，如何布置一个杂货风的家？如果你的家就是你的办公室，如何在10秒钟之内从生活区转到工作区？你将在本书中看到来自东京脑洞大开的定制家居设计故事，探索房子与家之间的场域。

图书在版编目（CIP）数据

理想的家：来自东京的定制家居设计／[日]蓝色工作室著；[日]石井健监修；张艳辉译.
—北京：化学工业出版社，2016.10（2024.2 重印）
 ISBN 978-7-122-27916-3

 Ⅰ.①理… Ⅱ.①蓝…②石…③张… Ⅲ.①住宅－室内装饰设计 Ⅳ.①TU241

 中国版本图书馆CIP数据核字（2016）第201458号

RENOVATION DE KANAERU JIBUN RASHII KURASHI TO INTERIOR LIFE IN TOKYO
©blue studio 2014
Originally published in Japan in 2014 by X-Knowledge Co.,Ltd.
Chinese (in simplified character only) translation rights arranged with
X-Knowledge Co.,Ltd.

北京市版权局著作权合同登记号：01-2016-5173

责任编辑：张　曼　龚风光　　　　装帧设计：北京东至亿美艺术设计有限责任公司
责任校对：王　静

出版发行：化学工业出版社（北京市东城区青年湖南街13号　邮政编码 100011）
印　　装：天津图文方嘉印刷有限公司
710mm×1000mm　1/16　印张15　字数250千字　2024年2月北京第1版第8次印刷

购书咨询：010-64518888　　售后服务：010-64518899
网　　址：http://www.cip.com.cn
凡购买本书，如有缺损质量问题，本社销售中心负责调换。

定价：58.00元　　　　　　　　　　　　　　　　版权所有　违者必究

慢得刚刚好的生活与阅读